수학을 공부하지 않은 대부분 사람들에게는
믿기지 않게 보이는 일들이 있다.
아르키메데스

인간의 어떠한 탐구도 수학적으로 보일 수 없다면
참된 과학이라 부를 수 없다.

레오나르도 다 빈치

나에게는 만물이 수학으로 환원된다.

르네 데카르트

수학,
풀지 말고
실험해 봐

수학,
풀지 말고
실험해 봐

펴낸날 2021년 7월 30일 1판 1쇄

지은이_ 라이이웨이
그림_ 타오즈 · 다푸차오메이
옮긴이_ 김지혜
펴낸이_ 김영선
책임교정_ 이교숙
교정·교열_ 남은영, 양다은
경영지원_ 최은정
디자인_ 바이텍스트
마케팅_ 신용천

펴낸곳 (주)다빈치하우스-미디어숲
주소 경기도 고양시 일산서구 고양대로632번길 60, 207호
전화 (02) 323-7234
팩스 (02) 323-0253
홈페이지 www.mfbook.co.kr
이메일 dhhard@naver.com (원고투고)
출판등록번호 제 2-2767호

값 16,800원
ISBN 979-11-5874-123-5 (43410)

수학,
풀지 말고
실험해 봐

신기한 실험으로
수학과 친해지기

라이이웨이(賴以威) 지음

타오즈·다푸차오메이 그림

김지혜 옮김

미디어숲

추천사

생활 주위에서 흔히 볼 수 있는 것들, 예를 들면 맨홀 뚜껑이 왜 원형일까? 4인치 케이크 두 개는 8인치 케이크 한 개와 크기가 같을까? 등 우리가 당연시하거나 대수롭지 않게 여겼던 것들 이면에는 수학이나 과학의 원리가 숨어 있다.

책 속의 15가지 주제는 생활에서 흔히 볼 수 있는 현상을 시작으로, 실험을 통해 지식을 구체화함과 동시에 능동적으로 기하 개념을 배우고, 수학 지식의 핵심을 되짚어보며 수학은 쓸모없는 것이 아니라는 것을 알려준다. 모든 수업은 흥미진진하다.

-뢰정홍, 국립정대 부중교사

무엇이든 구체적인 경험은 본질을 이해하는 데에 더 효과적이다.

수학 공부도 이 규칙을 벗어나지 않는다. 재미있고 생각을 자극할 수 있는 실험은 오늘날 수학교육에서 발굴해야 할 절실한 작업이다. 이 책은 실제 실험 등의 과정을 통해 즐거운 수학 공부를 하기에 최상의 책이다.

- 리궈웨이, 중앙연구원 수학연구소 겸임 연구원

수학은 예술이자 언어이다. 15가지 주제의 흥미로운 기하수업이 아이들에게 친근하게 느껴진다. 수학의 재미, 실험, 생활화를 도울 뿐만 아니라 아이가 읽고, 생각하게 하고, 수학의 아름다움을 느끼게끔 하는 책이다.

- 린이쩐, '초등학생 연간 학습 실행력' 저자, 창화현 원두국 초등학교 교사

15가지 주제의 흥미로운 기하수업으로 진행된다. 수학이 추상적인 학문이 아니라는 것을 일상생활 속의 수학 문제를 통해 보여준다. 이 책은 실험을 통해 알기 쉽게 수학 지식을 습득할 수 있고 수학의 재미를 느낄 수 있다.

- 이에삥청, PaGamO 설립자, 타이완대학교 전기학과 교수

눈으로 본 것도, 귀로 들은 것도 사실은 확실하지 않다. 다 먹을 수 없는 초콜릿, 다 걸을 수 없는 뫼비우스 띠, 종이를 뚫을 수 없는 동전 등, 생활의 모든 수수께끼를 푸는 열쇠는 '수학'이다. 저자는 수학에 쉽게 접근할 수 있도록 돕는다. 또한 자유자재로 할 수 있는 실험

에 증명을 덧붙여 모든 물음표를 느낌표로 바꾼다. 이 책은 초중학생, 학부모, 선생님들이 함께 읽기 좋은 책이다. 모두에게 이 책을 적극 추천한다.

- 이에이위, 창화현 톈중고등부 교사

수학은 수형數形을 연구하는 학문이다. 학교의 수학 수업은 지식적 내용과 논리적 추리 위주로 이뤄지므로 수학에 대한 기본적인 지식이 약하다면 수학을 공부할 때 어려움을 겪을 수 있다. 이 책은 일상에서 볼 수 있는 기하 도형을 수학 실험을 통한 입증으로 쉽게 읽히면서도 깊은 수학 지식을 담고 있다.

- 장쩐화, 108수학과 모집인, 타이완대학교 수학과 명예교수

모든 문제는 간단한 실험으로 관찰하고 이해할 수 있다. 이를 통해 수학이 현실과 진리를 사실과 연결할 수 있다는 것과 수학의 매력을 느낄 수 있다. 저자는 수학적 사고의 과정을 지(知·간단해 보이는 삶의 문제), 행(行·실험에서 문제를 해결하는 접점), 식(識·문제해결 후 추상화된 사유의 발전 과정을 지혜롭게 결합)의 발전으로 삼아 학생들이 차근히 수를 변화시킬 수 있도록 한다. 학문적 소양은 문제에 대한 사유 의식에 영향을 주고, 그다음에는 자기도 모르게 문제에 대한 사고와 해법 사이에서 수학을 공부할 수 있게 한다.

-천광훙, 타이중 일중 교사

수학을 좋아하지 않는 학생이 많다. 단지 시험을 칠 때만 필요하다고 여긴다. 하지만 이 책은 수학의 원리를 알기 쉬운 방식으로 설명한다. '평소 일상생활에서 접할 수 있는 재료로 수학을 생각한다'는 것을 기반으로 수학은 문제를 해결하는 강력한 도구라는 것을 실감하게 한다. 독자가 수학을 얼마나 좋아하든 그것과 별개로 이 책은 매우 가치가 있다.

-리엔숭쉰, 국립펑산고등학교 교사

수학적 사고 과정과 함께 우리에게 익숙한 주제들로 구성되어 있어 자연스럽고 재미있다. 이 책을 통해 수학적이고 이성적인 사고를 알아갈 수 있다.

-쩡정칭, 타이베이시 지엔궈고등학교 교사

이 책으로 생활 속에 숨어 있는 수학적 소양을 체득할 수 있을 것이다.

-수리민, 타이베이 북일 여중 교사

맨홀 뚜껑의 디자인과 마술, 별꽃과 기울기, 베이글과 뫼비우스 띠, 도넛과 피타고라스 정리 등 호기심이 생기는 것들에 대한 궁금증을 풀 수 있다. 수학의 응용과 아름다움을 함께 알고 싶다면 지금 당장 책을 들고 함께 놀아보자!

- 리쩡시헨, 예술과 수학 FB 동아리 설립자, 신베이시 린커우궈 중학교 교사

돌아가면서도 더 빨리, 더 신나게 갈 수 있는 길을 걸어라!

수학은 순수한 정신노동이다. 과학처럼 실험실이 필요한 게 아니다. 수학자는 커피 한 잔에 편안한 의자 하나만 있어도 충분하다. 책상에 놓인 펜 하나로 수학의 세계를 마음껏 탐색하며 순수 이성, 논리의 아름다움을 만끽할 수 있다. 그러나 이것이 수학공부가 종이와 펜만 사용한다는 것을 의미하는 것은 아니다.

풍부한 감각과 스릴 있는 경험일수록 더욱 인상적이고 흥미진진하다. 공부도 마찬가지다. 어떤 기하 도형의 특징을 알고 싶다면 문자로 표현된 정리가 어떤 단서를 제공할 수 있지만, 사람마다 받아들이는 내용에는 차이가 있을 수 있다. 손으로 직접 만들어 보면 오히려 더 느낌이 있고 이해하기 쉽다.

예를 들면, 파인애플 표면의 껍데기 무늬는 나선형으로 배열되어 있다. 나선 위의 다이아몬드 무늬 모양의 수는 피보나치의 수열에 해당한다. 시계방향 또는 시계반대방향에 관계없이 모두 8개, 13개 또는 21개로 되어 있는데 이것은 우연의 일치가 아니라 대자연의 숨은 법칙이다.

이 법칙은 수학적으로 묘사된다. 나는 과학서적에서 이 내용을 처음 접했었다. 그러곤 어느 날 밤 과일가게에서 파인애플 열두 개를 직접 세어보고, 하나하나가 피보나치 수열에 들어맞는다는 것을 눈으로 확인한 적이 있다. 분명히 책에서 확인한 내용이지만 오히려 실제 세어 보고 알아가는 과정에서 마음이 동요하고 흥분되었던 그 순간의 기억이 생생하다.

재미가 있어야 효율도 있으니 공부를 잘하는 하나의 포인트는 바로 '재미'에 있다고 말하고 싶다. 나의 학창시절을 돌이켜 보면 공부는 잘했지만 학교는 어쩔 수 없이 다니는 그런 곳이었다. 나는 학교 시험이 끝나면 스스로를 위로하기 위해 종종 소설책을 읽었다. 소설과 교과서의 본질적인 차이라면 전자는 오락, 후자는 지식공부를 위한 것이다.

나는 가끔 교과서가 비타민처럼 제때 복용하면 영양분을 충분히 섭취할 수 있다고 생각한다. 하지만 우리는 가끔씩 비타민 먹는 것을 잊기도 하고 맛이 없다고 생각한다. 그런데 야채시장에서 먹고 싶은 재료를 고르고, 집에 돌아와 조리법을 찾아보면서 맛있는 음식을 만들어 먹으면 시간은 많이 걸리더라도 그 과정이 재미있고 맛도 있어 비타민 영양제보다 훨씬 이롭다. 이처럼 흥미를 가지면 실제로 비타민을 삼키는 것보다 더 좋은 효과를 얻을 수 있다.

어린 시절 수학에 대한 흥미는 스스로 해 보는 것에서 비롯된다는 연구 결과도 있다. 이것이 바로 진정한 고효율의 학습 방법이 아닐까? 많은 학생이 수학 학습 과정에서 수학에 대한 흥미를 잃는 편이다. 수학을 배우는 것은 매우 지루한 것으로 책상에 앉아 있어도 수업 내용과 눈앞에 놓인 문제집에 집중하는 것이 그리 쉬운 일이 아니다.

이 책은 수학 공부를 어려워하거나 흥미를 잃은 학생들이 재미있는 실험을 통해 수학에 대한 태도가 긍정적이게 되길 바라는 것과, 학습의 즐거움이 그들의 호기심과 동기를 자극할 수 있기를 바라는 마음으로 쓰였다.

생활 주변에서 실제로 접할 수 있는 수학적 지식을 다양한 감각으로 체험해 볼 수 있는 수학 실험들이 실려 있다. 시간이 좀 걸리더라도 수학의 본질을 통해 흥미를 돋우고, 학교 수학에 대한 기대와 적극적인 참여를 유도할 수 있을 것이다.

나는 이 책의 모든 실험이 아이들과 함께 걷는 길을 좀 더 아름답게 하며 재미있는 풍경을 볼 수 있는 가이드가 될 수 있기를 기대한다. 결국에는 더 빨리 결승점에 도착할 수 있을 것이라 믿는다!

수학 실험실 설립자 라이이웨이

14

"수학이 어렵다고 해서 걱정하지 마세요.

장담컨대,

나는 여러분보다 훨씬 더 수학이 어려웠으니까요."

- 아인슈타인 -

차례

추천사
프롤로그
돌아가면서도 더 빨리, 더 신나게 갈 수 있는 길을 걸어라

01 케이크의 크기는 어떻게 잴까? ·19

02 맨홀 뚜껑이 둥근 이유? ·31

03 동그란 꽃 한 송이 ·43

04 그림자로 높이를 잴 수 있을까? ·55

05 이리저리 굴러다니는 삼각형 ·67

[수학감각 기르기]
스스로 생각하며 가지고 노는 수학 ·78

06 원통 컵 가지고 놀기 · 83

07 직선으로 꽃을 그려보자 · 93

08 만화영화 영상은 왜 변형되지 않을까? · 103

09 케이크를 완벽하게 자르는 법 · 111

10 신기한 뫼비우스 띠 · 121

[수학 속으로]
노벨 물리학상 수상자 펜로즈의 수학 이야기 · 132

11 달콤한 도넛, 얼마나 클까? · 139

12 타원으로 하는 게임 · 151

13 책상을 돌려도 흔들리지 않아요! · 161

14 종이에 구멍을 뚫으면 펼쳐지는 마술 · 171

15 다 먹을 수 없는 초콜릿? · 181

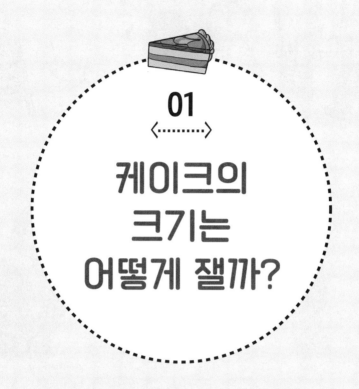

01

케이크의
크기는
어떻게 잴까?

6인치 케이크는 4인치 케이크의 몇 배일까?
입으로 한 입 한 입 베어 먹으며 계산하는 것 말고 다른 좋은 방법은?
어떤 크기의 케이크를 선택해야 더 좋을까?
계산을 통해 함께 확인해 보자.

어린 시절, 가족들의 생일날이 되면 우리는 케이크를 준비해서 모두 모여 함께 노래를 부르며 생일 축하를 했던 기억이 나! 우리 가족은 6명으로 1년에 6번 생일 케이크를 먹을 수 있었어. 나는 케이크를 먹는 것보다 엄마와 함께 케이크를 고르는 게 더 신났었어. 제과점의 케이크 진열대에는 형형색색의 크고 작은 케이크로 가득 차 있어 하나하나가 모두 맛있어 보였지. 나는 초콜릿 맛을 가장 좋아했는데 보통 6인치 크기의 케이크를 사는 편이었어.

가족 모두가 먹을 케이크를 살 때, 몇 인치를 사야 할지 결정하는 건 사실 수학 문제이다. 우선 자신의 식사량을 예로 생각해 보자. 집에 아빠, 엄마, 나, 동생 이렇게 4명이 있다고 가정하고 내가 얼마나 먹는지를 생각한다. 그런 다음, 엄마, 아빠와 동생의 식사량이 나의 몇 배인지를 계산한다. 다 합하면 온 가족의 식사량이 된다. 만약 아빠의 식사량이 나의 두 배이고 엄마는 나와 같고 동생은 나의 절반이라면, 온 가족의 식사량은 나의 4.5배가 될 것이다.

$$2(아빠) + 1(엄마) + 1(나) + 0.5(동생) = 4.5배$$

만약 내가 먹고 싶은 양이 4인치 크기의 케이크라면, 4인치 케이크의 4.5배는 몇 인치 케이크일까? 질문에 대한 답을 알고 싶다면 먼저 케이크의 크기를 어떻게 계산하는지 알아보자.

수학의 세계에서는 생크림케이크, 아이스크림케이크, 초코케이크 등등 과일이나 크림으로 어떻게 장식하든 케이크를 원기둥으로 단순화시킨다. 평소 우리는 "이 케이크는 얼마나 커요?"라고 묻지만, 수학의 세계에서는 "이 원기둥의 부피는 얼마나 돼요?"라고 표현한다.

원기둥은 무엇일까? 오른쪽 그림과 같은 모양을 원기둥이라고 하는데, 위아래에 동일한 두 원을 '밑면', 두 밑면 사이의 거리를 '원기둥의 높이'라고 한다.

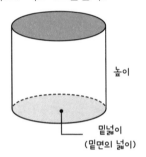

높이

밑넓이
(밑면의 넓이)

> 원기둥의 부피 = 원기둥의 밑넓이 X 높이

보통 같은 크기의 케이크는 몇 인치이든 높이가 같기 때문에 케이크 크기를 비교할 때 부피 문제가 밑면의 넓이를 구하는 문제로 바뀐다. 즉, 높이를 무시하고 원기둥의 밑넓이만 보는 것이다. 케이크 크기를 나타내는 인치는 바로 원의 넓이와 관련된다. 이것은 케이크의 둥근 바닥, 즉 원의 지름이 얼마냐에 따라 결정된다. 1인치는 2.54㎝이기 때문에,

$$4인치 = 4 \times 2.54cm = 10.16cm$$
$$6인치 = 6 \times 2.54cm = 15.24cm$$

4인치 케이크의 바닥은 지름 10.16cm인 원이고, 6인치인 것은 지름 15.24cm인 원이다. 그렇다면 6인치 케이크는 4인치 케이크의 몇 배일까? 이 질문을 수학으로 바꿔 표현할 수 있다.

"지름 15.24cm의 원의 넓이는 지름이 10.16cm인 원의 몇 배일까요?"

여러분이 만약 원의 넓이를 구하는 공식을 배운 적이 있다면 바로 계산했을지도 모른다. 하지만 아직 배우지 않았더라도 괜찮다. 실험으로 함께 확인해 보자!

1. 4인치, 6인치 케이크의 크기와 같은 모형을 각각 준비한다. 각 모형에서 높이가 같은 지점을 표시한다.

2. 물을 6인치 케이크 모형의 표시선까지 붓는다.

물에 식용색소 또는 간장을
약간 넣어 색을 들이면
관찰하기 쉽다.

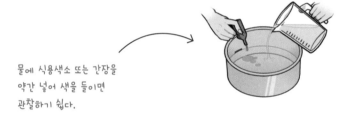

3. 6인치 모형에서 4인치 모형으로 물을 떠서 표시선 높이까지 채운다.

물방울을 떨어뜨리거나
밖으로 새지 않도록
조심하자.

$\pi = 3.141$

$F = ma$

4. 4인치 모형의 물을 버리고 6인치 모형에 있는 물을 모두 퍼낼 때까지 3단계를 반복한다. 반복한 횟수를 m번이라고 하자.

5. 마지막 물은 4인치 모형의 표시선에 닿지 않아야 한다. 자를 이용해서 물이 채워진 곳까지 높이를 재어보자.

6. 마지막에 잰 물의 높이를 h_1, 표시선의 높이를 h_2로 한다. h_1을 h_2로 나누고 이 값에 횟수 m을 더하면 4인치 케이크의 부피가 된다. 즉, 6인치 케이크 1개는 4인치 케이크의 몇 배인지를 확인할 수 있다.

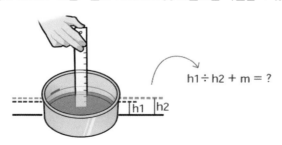

$$h1 \div h2 + m = ?$$

수학이 알려준 케이크의 크기는?

실험을 통해 6인치 케이크는 4인치 케이크의 2.25배임을 알 수 있다. 왜 2.25배일까? 우선 원의 넓이 공식을 살펴보자.

> 원의 넓이 = 반지름 x 반지름 x π

파이(π)는 원주율로 약 3.14인 값이다. 먼저 케이 크 두 개의 둥근 바닥인 원의 넓이를 계산해 보자.

> **6인치 케이크**
> 밑면(원)의 반지름 : 15.24 ÷ 2 = 7.62cm
> 밑면(원)의 넓이 : 7.62 x 7.62 x π = 182.32cm²

> **4인치 케이크**
> 밑면(원)의 반지름 : 10.16÷2 = 5.08cm
> 밑면(원)의 넓이 : 5.08 x 5.08 x π = 81.03cm²

두 넓이를 나눈 결과는 182.32 ÷ 81.03 = 2.25이다.

이것은 6인치 원의 지름이 4인치 원의 지름의 약 2.25배임을 의

미한다. '원기둥의 부피=원의 밑넓이×높이'에서 높이가 같을 때 원의 밑넓이가 2.25배라면 6인치 케이크는 4인치 케이크의 2.25배라는 것이다. 자세히 살펴보면서 또 눈치를 챘을지도 모른다. 바로 6인치와 4인치 숫자를 아래와 같이 계산하면 2.25배이다.

$$(6 \times 6) \div (4 \times 4) = 2.25$$

왜 그럴까? '원의 넓이 = 반지름×반지름×π'에서 두 원의 넓이를 비교할 때 파이와 반지름의 단위(인치 또는 ㎝)는 모두 계산 과정에서 사라지기 때문에 '반지름×반지름'만 고려해도 된다는 결론이 나온다. 그렇다면 '반지름 = 지름÷2', 그러니까 '지름×지름'만 고려하면 된다. 이것이 바로 수학 교과서에서 언급하는 "원의 넓이는 반지름(지름)의 제곱에 비례한다"는 내용이다.

넓이 공식으로 두 케이크의 크기 비율을 쉽게 계산할 수 있게 되었다. 12인치든 8인치든, 100인치든 80인치든, 어떤 수치의 크기이든 여러분은 이제 정확히 계산할 수 있다.

수학은 우리의 많은 시간을 절약할 수 있게 도와준다. 이것이 수학의 힘이다. 머리를 써서 생각해라. 하지만 때로는 수학공부를 할 때 머리를 쓰는 대신 손을 써야 할 때도 있다. 바로 수학 실험이다. 수학의 힘과 재미를 모두 체험해 보기를 바란다.

처음 질문으로 돌아가자. 여러분이 만약 한 번에 4인치 케이크 반쪽을 먹을 수 있다면 가족을 위해 몇 인치 케이크를 고르는 게 가장 좋은 선택일까?

수학을 공부하는 것은 시간을 절약하게 해주지만
수학을 배우는 시간은 절약할 수 없다.

4 + 4 = 8 ?

4+4=8이지만 8인치 케이크는 4인치 두 개가 아니다. 케이크의 크기는 원의 지름으로 표시하지만 케이크의 실제 크기, 즉 우리가 먹는 케이크의 크기는 원기둥의 밑면을 높이만큼 쌓은 것이다. 하지만 케이크의 높이가 모두 같다는 가정 아래 원기둥의 밑면으로 비교를 할 수 있다. 비록 지름, 넓이, 부피의 개념은 모두 다르지만 서로 관련되어 있다.

과자 하나를 먹더라도 맛있게 먹자!

케이크 높이가 같을 때 8인치 케이크는 몇 개의 4인치 케이크와 같을까? 답은 네 개! 하지만 높이가 다르면 답이 바뀐다.

더 생각해 보기

1. 주변에서 원기둥인 모양을 찾아보자.

2. 12인치 케이크는 8인치 케이크의 몇 배일까?

29

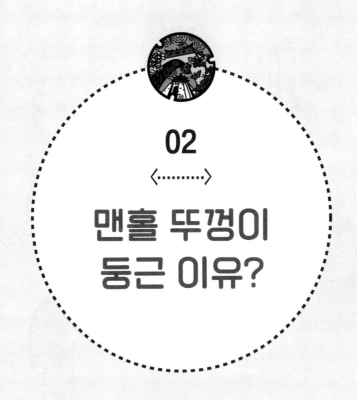

02

‹·········›

맨홀 뚜껑이
둥근 이유?

도로나 골목길을 걷다 보면 둥근 모양의 맨홀 뚜껑을 볼 수 있다.
맨홀 뚜껑에 대해서 생각해 본 적이 있는가?
이 디자인에는 기하학적 의미가 숨겨져 있다!

32

길을 가다가 주변 곳곳에 놓인 '기하'에 주의를 기울여 봐. '기하'는 도형과 관련된 수학을 말하는데 예를 들어 얼룩말에 새겨진 선은 직사각형, 보도블록은 격자모양의 사각형으로 볼 수 있어. 교통표지판도 우리가 배운 도형으로 표현되는데 경고표지는 정삼각형, 금지표지는 원형, 지시표지는 직사각형이야.

도로에서 맨홀을 발견한다면 고개를 숙여 맨홀을 살펴보자. 커다란 철제로 된 맨홀은 뚜껑으로 덮여 있는데 대부분의 뚜껑은 둥근 모양으로 되어 있다. 케이크처럼 도로를 절개한다고 상상하면 아스팔트 아래에는 지하세계가 있고 하수관, 전기관 같은 시설이 숨어 있다. 맨홀 뚜껑은 바로 지상과 지하세계를 연결하는 통로다. 그런데 왜 맨홀 뚜껑은 대부분 둥근 모양일까? 교통표지판처럼 특별한 의미가 있는 것일까?

둥근 맨홀 뚜껑은 운반할 때 굴릴 수 있어 편리하다는 것이 많은 사람의 머릿속에 떠오르는 첫 번째 이유일 것이다. 하지만 맨홀 뚜껑을 둥글게 만든 가장 큰 이유는 따로 있다.

찬찬히 생각해 보자. 하수관 또는 전기관 작업을 할 때, 맨홀 뚜껑을 열고 지하로 들어가야 한다. 도로 위에 놓여 있는 맨홀 뚜껑이 시한폭탄처럼 생각되지 않는가? 혹시라도 실수로 맨홀 뚜껑이 파이프 안쪽으로 떨어진다면 어떤 일이 벌어질까? 작업자가 맞기라도 한다면? 생각만 해도 끔찍하다. 천만다행으로 둥근 모양의 맨홀 뚜껑은 절대로 떨어지는 일이 없다. 왜 그럴까?

▲ 타이베이시의 이색적인 맨홀 뚜껑들.

원형과 정사각형을 생각해 보자. 먼저 종이 위에 원을 그리고, 원 위에 마음대로 두 점을 찍어 일직선으로 연결한다. 몇 번의 시도를 해 보면 직접 그린 직선 중에서 가장 긴 것이 원의 지름임을 알 수 있다.

정사각형을 하나 더 그려보자. 그리고 마주보는 두 변에서 각각의 한 점을 골라 일직선으로 연결한다. 이 길이는 반드시 한 변보다 길거나 적어도 같을 것이다. 원형과 정사각형을 잘라 두 개의 모양을 만들어 측면을 살펴보면 원형은 일직선으로 보이고, 그 길이는 원의 지름과 같은 것임을 알 수 있다. 정사각형 역시 일직선으로 길이는 정사각형의 한 변의 길이보다 길거나 같다.

맨홀과 맨홀 뚜껑을 다시 생각해 보자. 둥근 맨홀의 가장 긴 부분의 너비는 둥근 맨홀 뚜껑의 지름보다 약간 작을 수 있으나, 사각형 맨홀 뚜껑의 가장 긴 부분의 너비는 사각형 맨홀에서 두 점 사이의 거리보다 작을 가능성이 크다. 그래서 둥근 맨홀 뚜껑은 둥근 맨홀에 빠지지 않지만, 사각형 모양의 맨홀 뚜껑은 사각형 맨홀에 빠질 수 있다.

상상이 잘 되는가? 좋다, 실험으로 함께 확인해 보자.

수학 실험

1. 큰 종이 한 장을 준비한다. 컴퍼스로 원을 하나 그려서 지름의 길이를 재고 그 값을 표시한다.

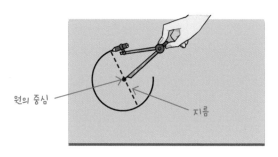

원의 중심

지름

2. 종이의 다른 한쪽에 자로 정사각형의 한 변의 길이가 1번의 원의 지름과 같도록 재어 정사각형을 그린다.

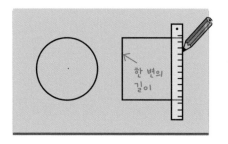

한 변의 길이

3. 원 위에 두 점을 택하고 직선으로 두 점을 연결해 보자. 직선의 길이는 원의 지름보다 클까?

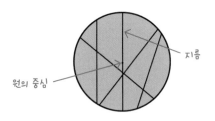

지름

원의 중심

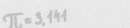 $\pi = 3.141$

 $\vec{F} = m\vec{a}$

4. 정사각형의 서로 마주보는 두 변 위에 점을 하나씩 찍고 직선으로 연결하자. 그 길이는 정사각형의 한 변의 길이와 비교해서 클까?

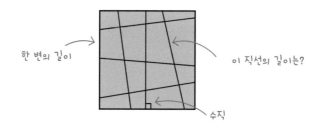

한 변의 길이

이 직선의 길이는?

수직

5. 칼로 원과 정사각형을 잘라내자. 자를 때 원형과 정사각형이 찌그러지지 않도록 주의한다.

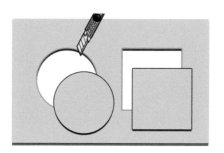

6. 잘라낸 원과 정사각형이 각각 원, 정사각형 구멍을 통과하는지 실험해 보자. 정사각형은 정사각형 구멍을 통과하는가?

각도를
다르게 하여
통과시켜보자.

원의 안전성

실험을 통해 둥근 맨홀 뚜껑이 얼마나 안전한지 충분히 느꼈을 것이다. 원형판을 원 구멍에 통과시키려면 힘과 시간을 들여야 한다. 이에 비해 정사각형 판은 세워서 각도를 조금만 돌려도 쉽게 구멍을 통과시킬 수 있다. 그래서 정사각형 맨홀 뚜껑이 원형 맨홀 뚜껑보다 훨씬 위험하다는 것을 알 수 있다. 그런데 왜 정사각형에서 그은 직선 대부분은 정사각형의 한 변보다 길까?

우리는 실험을 통해서 또는 임의로 선을 하나 그리고 직접 길이를 재어서 확인할 수도 있다. 하지만 수학자는 이런 경험적인 방법보다 증명하는 것을 더 좋아한다.

증명 방법은 간단하다. 정사각형 안에 두 개의 직선을 그려서 직각삼각형 하나를 만들면 된다.

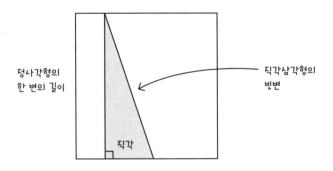

먼저 마주보는 변에서 두 점을 임의로 취하여 일직선으로 연결한다. 그리고 그중 한 점에서 대변에 수선을 그리면, 이 선은 정사각형의 변과 수직이 되고 직각 삼각형의 직각을 만든다. 임의의 두 점을 이은 선은 직각삼각형의 빗변이다.

직각삼각형의 직각을 낀 변은 정사각형의 한 변의 길이와 같고 빗변은 직각삼각형의 가장 긴 변이므로 우리는 정사각형의 마주보는 변에서 각각 임의로 택한 두 점을 이은 선이 정사각형의 한 변의 길이보다 항상 더 크다는 것을 알 수 있다.

그렇다면 맨홀 뚜껑 중에는 직사각형 모양도 있는데 그 이유는 무엇일까? 직사각형은 정사각형과 유사하다. 비교적 긴 대변에서 한 점을 각각 택해서 연결하면 그 길이는 직사각형의 짧은 변의 길이보다 대부분 길다. 만약 짧은 두 변에서 각각 점을 취한다면, 연결된 선은 더 길어진다. 심지어는 긴 변보다 더 길어진다는 것을 확인할 수 있다. 두꺼운 종이에 직사각형을 하나 더 재단해서 실험하며 관찰해 볼 것을 권한다.

아무리 많은 실험을 한다고 하더라도 불확실성은 여전하다.
하지만 증명을 한 번 하면
100% 확실한 결과를 얻을 수 있다.

맨홀 뚜껑의 모양에 대한 답이 나왔다. 맨홀 뚜껑이 둥글게 설계된 배경에는 맨홀에서 일하는 사람들의 안전을 위하는 따뜻한 배려가 담겨 있었다. 앞으로 길을 걸을 때, 따뜻한 배려가 담긴 둥근 맨홀 뚜껑이 어디에 있는지 유심히 한번 살펴보기를 바란다.

 뻗어나가기

뚜껑에 새겨진 비밀

길 위에서 흔히 볼 수 있는 맨홀 뚜껑은 둥근 것 외에 사각형, 육각형까지 있으며 크기도 다양하다. 맨홀 뚜껑에는 정비사가 지하로 들어가 작업할 수 있도록 보호하는 것 이외에도 원활한 유지관리를 위한 손 구멍(손잡이)이 있다. 정비사가 직접 손 구멍을 잡고 뚜껑을 열어 바로 작업을 할 수 있게 한 것이다.

맨홀 뚜껑은 지하세계로 들어서는 역할 이외에도 도시 예술의 일부가 되었다. 세계 대도시 거리를 걷다 보면 유난히 아름다운 맨홀 뚜껑을 볼 수 있는데 그 지역의 특색을 차가운 철제뚜껑에 새기고 다채로운 색을 입혀 표현하고 있다.

▶ 체코 프라하(위쪽), 일본 오사카(아래쪽)에서 볼 수 있는 아름다운 맨홀 뚜껑

더 생각해 보기

맨홀 뚜껑을 정삼각형이나 정육각형으로 만들면 안전할까? 실험을 해 보기 전에 먼저 수학적으로 분석해 보자.

03

⟨ • • • • • • • • ⟩

동그란
꽃 한 송이

누구라도 아름다운 도안을 디자인할 수 있다.
컴퍼스와 종이 한 장만 있으면,
원을 계속 그려가며 아름다운 꽃 한 송이를 완성할 수 있다!

한 시간 후….

바나나
정말 잘 그렸네!

선생님…, 제가 그린 건
바나나 옆에 놓인 레몬을
그린 건데요….

44

자연에는 아주 많은 수학 모양이 있어. 어떤 규칙에 부합하는 형상을 자연에서 많이 찾을 수 있다는 것이지. 그런데 이러한 규칙들은 일반적으로 사용하는 언어로는 설명할 수 없는 것으로 오직 수학을 통해서만 정확하게 묘사할 수 있을 때가 많아. 이탈리아의 과학자 갈릴레오는 이렇게 말한 적이 있어!

"대자연의 책은 그 언어를 아는 사람들만이 읽을 수 있다.
이 언어는 수학이다."

수학 언어의 글자는 어떤 모양일까? 각, 길이, 정사각형, 평행사변형, 육각형, 원형 등은 모두 수학 언어를 표현하는 단어이다. 정육

◀ 콜리플라워
여기에 숨겨진 규칙은 무엇일까?

◀ 깃털 같은 고사리 잎

각형의 벌집, 엄마가 찐 둥근 송편, 직사각형의 의자 등은 일상생활에서 쉽게 볼 수 있는 간단한 모양이다. 그러나 몇몇 모양은 매우 복잡하다. 예를 들면 오후에 폭우가 내리기 시작해서 하늘에서 번개가 쳤다면 그 모양은 수많은 선으로 나뉘어 나타난다. 선의 끝부분은 더 가는 선으로 계속 갈라지며 뻗어간다. 자세히 보면 그 속에도 어떤 법칙이 있다는 것을 느낄 수 있다.

또 양치류의 깃털 모양으로 된 잎에서도 관찰할 수 있다. 잎 모양은 깃털과 같은데 위에는 깃털처럼 가닥이 나 있다. 각각의 가닥은 더 많은 작은 잎으로 갈라진다. 모든 작은 잎도 깃털처럼 생겼다. 잎의 구조는 반복적이고 유사한 규칙을 나타낸다.

양치류, 번개, 콜리플라워, 그리고 사람의 폐 기관지 구조는 얼핏 보면 매우 복잡하지만 규칙적이다. 위대한 수학자들은 대자연이라는 책을 성공적으로 해독했는데, 이 도형들의 규칙을 발견하였고 '프랙탈Fractal'이라고 불렀다.

간단한 원형을 이용해 복잡하고 아름다운 그림을 직접 그리며 프랙탈의 규칙을 느껴보자. 그 과정에서 나는 여러분이 자로 측정하거나 직접 세어 답을 할 수 있는 질문을 몇 개 할 것이다. 그러나 계산으로도 알아낼 수 있을지 먼저 생각해 보길 바란다.

1. 종이 한 장을 준비하고 구석에 1.5cm 직선을 그린다. 컴퍼스를 직선에 맞춰 1.5cm 폭으로 반경을 만들고 종이에 원을 그린 후 원주 위에 점 하나를 기준으로 다시 원을 그려 두 번째 원을 완성한다.

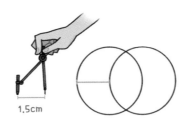

1.5cm

2. 1단계에서 두 원의 교점을 원의 중심으로 하여 아래위로 두 개의 원을 그린다.

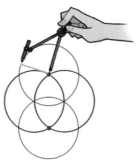

3. 2단계에서 왼쪽 위와 왼쪽 아래의 교점을 원의 중심으로 하여 두 개의 원을 그린다.

만약 컴퍼스의 반경이 변형되었다면
1단계의 직선으로 다시 교정할 수 있다.

4. 3단계에서 왼쪽에 있는 새로운 교점을 원의 중심으로 하여 원을 그린다. 그러면 한가운데 여섯 개의 긴 꽃잎이 연결된 꽃이 나온다.

한가운데를 제외한 나머지
여섯 개의 원의 중심이
연결되어 있다면 어떤 모양이 될까?

5. 꽃을 계속 크게 그려 보자!
그림에 표시된 여섯 개의 점을 원의 중심으로 하여 원을 여섯 개 더 그린다.

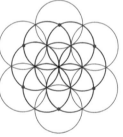

6. 그리고 그림에 새로 표시된 6개의 점을 원의 중심으로 하여 6개의 원을 계속 그려 나간다. 지금까지 총 몇 개의 원을 그렸는지 세어보자.

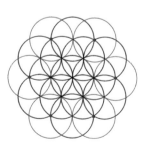

7. 다음 그림과 같이 그림의 정중앙을 원의 중심으로 하여 더 큰 원을 그려 모든 작은 원을 감싸 보자. 이 큰 원의 반지름은 작은 원의 몇 배가 될지 생각해 보자.

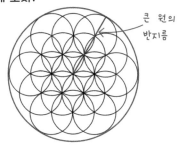

큰 원의 반지름

8. 큰 원의 반지름을 반지름으로 1단계부터 7단계까지 반복한다. 바깥으로 원을 한 바퀴 더 그린 후 도형을 색칠해 가면 예쁜 꽃 한 송이를 얻을 수 있다.

대칭과 중복의 아름다움

우리가 그린 이 둥근 꽃은 미국의 '프랙탈 재단$^{Fractal\ foundation}$'이 디자인한 것으로, '대칭'과 '중복'의 개념을 교묘하게 적용한 것이다. 4단계에서 7번째 원을 그리고 바깥쪽에 6개의 원을 품는 원을 그린 후, 꼭짓점을 찍고 이어 붙이면 정육각형이 된다.

평소 정육각형 그리는 것이 좀 번거로웠다면 이 방법을 쓰면 컴퍼스만으로도 정육각형을 완성할 수 있다. 원은 대칭도형으로 좌우, 상하 또는 사선에 상관없이 포개지도록 접기만 하면 원의 중심을 통과하는 선이 생기면서 반원 모양이 된다. 원은 완벽한 대칭의 특성을 가지고 있기 때문에 4단계에서 바깥쪽에 여섯 개의 원을 두르면 가운데에 아름다운 무늬를 가진 여섯 조각의 한 송이 꽃이 만들어진다.

6단계에서 그려진 원의 총 개수는 계산으로 알 수 있다. 처음 4단계에서는 7개의 원이 만들어졌고, 5, 6단계에서는 각각 6개의 원을 그렸기 때문에 총 19개의 원이 그려졌다. 위에서 아래로 숫자로 표시하며 세어보자. 원의 개수도 대칭성이 있고, 순서에 따라 세어지므로 3, 4, 5, 4, 3을 합치면 19가 된다. 7단계의 그림에서 볼 수 있듯이 큰 원의 반지름은 겹쳐있는 작은 원을 통과하는데 큰 원의 반지름은 작은 원의 3배, 큰 원의 면적은 원래 작은 원의 9배임이 확인된다.

8단계에서 마지막 큰 꽃을 그릴 때 항상 반지름이 3배인 큰 원으로 계속하여 꽃의 구조를 복사해 간다. 자세히 보면, 이 큰 꽃 속에는 여러 개의 그림이 반복되는데 확대와 축소의 차이만 있다는 것을 발견할 수 있다. 이것이 바로 프랙탈의 '자기 유사성'이다.

중복된 구조를 응용하면
프랙탈은 계속해서 더욱 복잡하게 만들 수 있다.

내 미술 실력은 솔직히 형편없다. 초등학교 5학년 스케치 수업 때 선생님이 내가 그린 그림을 보고 "이 바나나 정말 잘 그렸다!"라며 칭찬을 하신 적이 있다. 그런데 나는 사실 바나나 옆에 있는 레몬을 그렸었다. 그래서 나는 이번 실험을 특히 좋아한다. 이제는 수학의 특성을 살려서 규칙적이고 정확한 단계를 밟아 한 장의 아름다운 꽃 작품을 그려낼 수 있다.

산골짜기 깊은 계곡에 갇혀도 재능있는 사람은 난관을 극복하고 재능을 발휘하여 상황을 벗어난다. 재능이 없다면 계속 산골짜기에 머물든지 발길을 돌릴 수밖에 없다. 하지만 우리에게는 수학이라는 강력한 도구가 있다. 다리를 하나 놓기만 하면 건너갈 수 있다. 다리를 놓는 과정은 분명히 힘들다. 하지만 수학이라는 다리를 놓는 도구가 있다면, 누구나 깊은 계곡에서 벗어날 수 있다.

나도 컴퍼스만 있으면 그림을 그릴 수 있어.

따끈따끈한 수학 개념

'프랙탈 이론'의 역사는 수십 년도 지나지 않은 것으로 따끈따끈한 수학 개념이다. 일단 우리가 배운 도형과 관련된 수학은 사각형이든 불규칙적인 모양이든 면적, 둘레 등 모두 고대 그리스 시대부터 이어져 온 수학 개념이다.

하지만 자연계에서는 종종 예외적인 상황이 생긴다. 해안선을 측정할 때 지도를 축소하여 그리면 해안선이 짧아지고 지도를 확대하면 해안선이 가늘고 길어진다. 지도가 커지면 커질수록 해안은 더욱 정교해지고 측정값은 커진다는 것을 영국 과학자 리차드손[Lewis Richardson]이 발견하였다. 훗날 프랑스계 미국인 수학자 만델브로트[Benoit Mandelbrot]는 프랙탈 이론을 제기하였다.

프랙탈은 자연에서 자주 나타나며 몇 가지 주요 특징이 있다.

1. 정교한 구조를 가진다.
2. 전체 또는 부분적으로 형태가 있고 전통적인 기하학과는 차이가 있다.
3. 자기유사성을 가진다. 즉 서로 다른 수준에서 같은 구조를 찾을 수 있다.

이런 특징을 적용하면 여러분도 자연에서 프랙탈을 찾을 수 있다.

더 생각해 보기

1. 자연에서 어떤 물질이나 현상도 프랙탈이 될 수 있을까?

2. 8단계에서 멈추지 말고 꽃을 더 크게 만드는 방법을 생각해 보고 색을 입혀 더 크고 아름답게 만들어 보자!

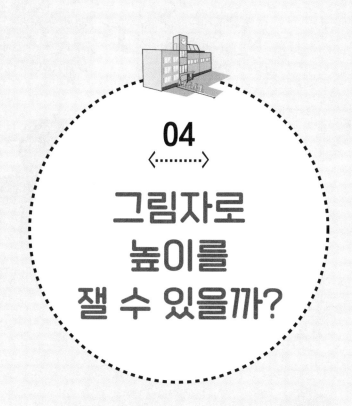

04

<—·········—>

그림자로
높이를
잴 수 있을까?

이미 알고 있는 사실을 이용하여 추리한다.
단서는 그림자를 이용하는 것이다.
수학적인 방법을 어떻게 활용할까?

특별히 좋아하진 않더라도 《명탐정 코난》은 들어봤을 거야. 에도가와 코난은 뛰어난 추리를 구사하며 사건을 파헤치고 범인을 잡아내는 탐정이지. 넌 '추리'라는 두 글자의 뜻을 진지하게 생각해 본 적이 있니? 나의 해석은 이렇단다.

"무관해 보이는 많은 단서를 이용해 쉽게 드러나지 않는 진실을 얻는다!"

간단한 예로 코난은 바닥에 난 신발 자국만 봐도 범인의 키를 가늠할 수 있다. 어떻게 알 수 있을까? 일반적으로 키는 발바닥 길이의 약 7배 정도이다. 신발의 두께까지 고려한다면 신발 자국 길이에 약 6~7배를 한 값이 키가 됨을 알 수 있다. 신발의 길이가 30㎝라면 범인은 180㎝ 이상이어야 하는 것이다. 이것이 추리이자 수학이다.

추리와 수학은 서로 관련이 깊다. 예를 하나 더 들자면, 탁자 위에 사과가 두 무더기가 있는데 각각 3개, 4개의 사과가 있다. 어떤 사람이 천으로 탁자를 가리고, 다시 두 무더기의 사과를 한 무더기로 섞는다. 천을 들출 필요도 없이 우리는 그 한 무더기에 있는 사과가 반드시 7개일 거라고 확신한다. 가령 사과를 바나나 혹은 수박으로 바꾼다 하더라도 결과는 바뀌지 않는다. 왜냐하면 3+4=7이기 때문에 천에 가려져 눈으로 직접 확인할 수는 없지만 결과는 명백하다. 그런데 몇 살 아래 동생이 아직 덧셈을 배우지 않았다면 천을 걷어내고 직접 세어봐야 답을 알 수 있다.

어떤 추리에는 그 배경에 우리가 할 수 없거나 생각지도 못했던 수학이 숨겨져 있기도 한다. 예를 들어, 학교의 건물 높이가 얼마나 되는지 추리할 수 있을까?

어떤 사람은 교실 책상 위에 올라가 긴 빗자루를 천장 꼭대기까지 쭉 뻗어 길이를 잰 다음 책상 높이와 사람 키, 빗자루 길이, 팔을 뻗은 길이 등을 재어 보고 그 길이를 더하고 겹치는 부분을 빼면 된다는 생각을 할 수도 있다. 그러면 교실 한 층의 높이가 대략 얼마인지 알 수 있고 그 층의 높이를 학교 건물의 층수와 곱하면 답이 나온다. 하지만 이 방법은 측정이 쉽지 않고 층간 두께를 고려하지 않았다는 큰 단점이 있다.

물론 여러분이 충분히 긴 자를 가지고 있다면 꼭대기에서 자를 아래로 늘어뜨려 직접 잴 수 있다. 그러나 긴 자가 없거나 꼭대기에 올라갈 수 없는 상황이라면 어떻게 해야 할까?

학교의 건물 높이를 사람의 힘으로 쉽게 측정할 수 없는 상황에서 땅 위에 드리워진 건물의 그림자 길이로 높이를 잴 수 있는 방법이 있다. 햇볕이 내리쬐는 좋은 날을 정해 실험해 보자.

1. 태양이 비스듬히 비치는 맑은 날의 저녁이나 아침 1교시 시간을 하루 정한다. 청소 빗자루를 하나 준비하고 빗자루의 높이를 잰다.

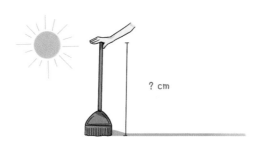

2. 빗자루를 바닥에 똑바로 세우고 햇빛에 비친 빗자루의 그림자 길이를 측정한다.

3. 같은 시간, 보폭을 일정하게 유지한 채로 학교 건물의 그림자를 따라 걷는다. 건물의 그림자가 몇 보인지 기록한다.

마지막 남은 거리가 1보 미만이라면 대략 반보 또는 1보 정도로 계산하거나 무시할 수 있다.

4. 보폭의 길이를 측정한다.

? cm

5. 학교 건물의 그림자 길이를 계산한다.

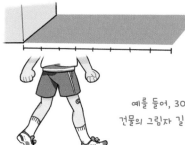

건물의 그림자 길이
= 걸음 수 x 보폭

예를 들어, 30보 걷고 보폭 길이가 40cm라면
건물의 그림자 길이는 30 x 40 = 1,200cm = 12m

6. 학교 건물의 높이를 계산으로 추측할 수 있다.

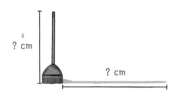

? cm

? cm

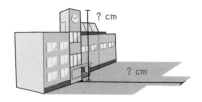

? cm

? cm

건물의 높이
= 빗자루 길이 ÷ 빗자루의 그림자 길이 x 건물의 그림자 길이

그림자로 비교하기

이번 실험에서 응용된 수학 개념은 '비(비율)'이다. 비는 두 값 사이의 대응 관계를 나타낸다. 이는 '16:9의 화면'처럼 자주 들었던 개념으로 화면의 가로와 세로가 16:9인 것을 의미한다. 화면의 가로가 16㎝, 세로가 9㎝라는 것이 아니라 가로 32㎝, 세로 18㎝이거나, 가로 160㎝, 세로 90㎝ 또는 세로가 160인치일 수도 있다. 수치가 달라지더라도 가로와 세로를 같은 숫자로 나누면 결국 가로 16, 세로 9의 결과가 되는 까닭으로 비율 16:9로 쓴다. 이것은 대략 1.78, 즉 가로가 세로의 약 1.78배라는 뜻이다.

방금 전의 실험으로 돌아가보면, 나와 나의 그림자, 건물과 건물의 그림자, 빗자루와 빗자루의 그림자 등의 비율은 어떤 고정된 값으로, 주어진 물체의 영향을 받지 않는다. 이 비율은 태양과의 각도와 관계가 있다. 만약 같은 시각, 같은 장소에서 측정한다면 물체의 높이와 그림자 길이의 비는 일정하다.

우리는 실험에서 먼저 빗자루 길이와 빗자루의 그림자 길이를 이용하여 물체의 높이와 물체의 그림자 길이의 비를 구할 수 있었다.

비율 = 빗자루 길이(A) ÷ 빗자루 그림자 길이(a)
= 건물의 높이(B) ÷ 건물의 그림자 길이(b)

학교 건물의 높이 = 비율 × 건물의 그림자 길이

= 빗자루 길이 ÷ 빗자루 그림자 길이 ×

건물의 그림자 길이

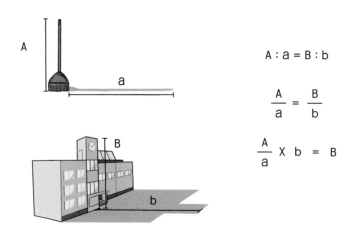

$$A : a = B : b$$

$$\frac{A}{a} = \frac{B}{b}$$

$$\frac{A}{a} \times b = B$$

그림자의 길이로 측정하기 힘든 건물의 높이를 추정하는 계산법은 역사적으로도 행해졌던 방법이다. 과학 기술이 발전하지 않았던 고대 시대에 피라미드의 높이는 어떻게 잴 수 있었을까? 피라미드는 뿔 모양으로 비스듬하기 때문에 충분히 긴 줄자가 있더라도 자로 직접 측정이 힘들어 당시 많은 전문가도 해결 방법을 생각해 내지 못했다.

그런데 고대 그리스의 영리한 수학자 텔레스는 그림자와 자신의 키 비율을 적용해 추리했다. 그는 태양 아래 서 있다가 자신의 그림자 길이가 키와 같아지는 바로 그 순간에 피라미드의 그림자를 재도록 하였다. 이때 얻은 값이 피라미드의 높이였다.

'물체 길이÷그림자 길이 = 1'인 시점에서 측정한 것이다. 수학적인 아이디어만 있으면 도구 없이도 마음껏 추리하고 답을 구하고, 남들이 볼 수 없는 진실을 꿰뚫어 볼 수 있다.

그림자가 이렇게 커도 나는 여전히 한 마리 개라고요.

신비로운 직각삼각형

태양이 지구를 비출 때 빛이 물체에 부딪히면 평평한 지면 위에 그림자가 생긴다. 이때 물체와 그림자는 서로 수직이므로 그림자의 끝부분과 물체의 끝을 연결하면 직각삼각형이 된다.

햇빛은 멀리서 오기 때문에 물체가 높든 낮든 상관없이 햇빛을 받아 만들어진 직각삼각형은 다음과 같다. 이때 물체의 높이와 그림자의 길이 사이의 비율은 동일하다.

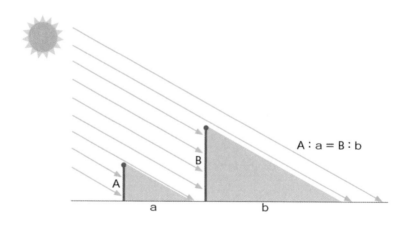

$$A : a = B : b$$

더 생각해 보기

학교의 건물 높이를 잴 때 정확도를 높이려면 어떤 과정이 필요할까? 예를 들어, 그림자를 측정하기에 좋은 시각이 있을까? 또는 보폭 이외에 다른 측정 방법이 있을까?

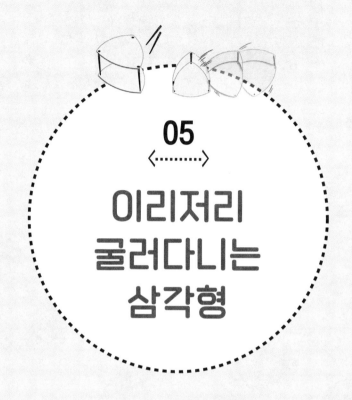

05

⟨·········⟩

이리저리
굴러다니는
삼각형

바퀴는 원래 동그란 모양이잖아!
그러면 원이 아닌 특별한 모양도 굴러갈 수 있을까?
상상력을 발휘해서 재밌는 세상을 그려 보자!

어렸을 때 나는 문제아라고 불렸던 적이 있어. 진짜 무슨 문제가 있어서가 아니라 질문을 많이 했기 때문이야. 한번은 신호등을 기다리는데 어떤 사람이 자전거를 타고 지나가는 것을 보고 궁금증이 생겨 물었지.

"왜 자동차, 비행기 바퀴는 모두 둥근 거죠?"

그 사람은 잠시도 생각하지 않고 이렇게 대답했어.

"왜냐하면 바퀴는 둥근 거니까."

지금의 나라면 이런 답변을 듣고는 더 이상 질문을 하지 않았겠지만, 당시 나는 호기심에 가득 차서 계속 추궁했다.

"왜 둥근 모양만 바퀴가 될 수 있는 건가요?"

"사각형은 굴릴 수 없거든."

엄밀히 말하면 이건 답이 아니다. 네모난 형태가 구르지 못한다 하더라도 둥근 형태만 왜 구르는지에 대한 설명이 없기 때문이다. 사각형뿐만 아니라 다른 다각형도 잘 구르지 못한다. 그럼 왜 유독 모서리가 없는 동그란 모양만 잘 구를 수 있는 것일까?

사실 원형 외에도 잘 구르는 특별한 도형이 있다. 바로 '뢸로 삼각형'이다. 이 도형은 수학 교과서에서 배우는 삼각형과는 조금 차이가 있다. 꼭짓점은 3개로 같지만 변이 곧은 선이 아니라 호 모양이다. 더 자세히 말하면 정삼각형을 상상하여 세 꼭지를 고정시킨 다음, 삼각형 안쪽에

서 세 변을 밖으로 밀어낸 형태이다. 세 꼭짓점 사이의 거리는 같지만 삼각형은 약간 통통한 모양이다. 이것이 뢸로 삼각형이다.

우리 주변을 자세히 살펴보면 뢸로 삼각형을 찾을 수 있다. 필통에서 연필 한 자루를 꺼내 살펴보자. 뾰족한 쪽으로 보면 삼각형처럼 보이지만 책상 위에 놓고 굴릴 수 있다.

▲ 굴릴 수 있지만 잘 굴러갈 수는 없는 삼각 연필.

일부 가전회사들은 원형 청소형 로봇 대신 구석구석까지 청소할 수 있는 뢸로 삼각형 모양의 청소기를 만들기도 한다. 그리고 맨홀 뚜껑의 대부분이 원형이라고 했는데 세계의 어떤 도시에서는 뢸로 삼각형의 맨홀 뚜껑을 사용하는 곳도 있다. 뢸로 삼각형 또한 모양이 맞는 구멍에 잘 빠지지 않는 특징이 있다.

구석진 곳까지 쉽게 청소할 수 있고, 구멍에도 잘 빠지지 않고, 바퀴처럼 굴릴 수도 있는 것은 바로 뢸로 삼각형의 기하학적 특성 때문이다.

이제 함께 '구를 수 있는 삼각형'을 만들어 보려고 한다. 뢸로 삼각형의 신기한 수학적 특성을 느껴 보자!

1. 두꺼운 종이 위에 점 하나를 찍고 이 점을 중심으로 하여 컴퍼스로 호를 그린다. 반지름은 임의로 정한다.

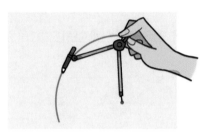

2. 호 위에 한 점을 중심으로 같은 반경으로 두 번째 호를 그려 첫 번째 호를 통과시킨다.

3. 두 개의 곡선이 만나는 점을 원의 중심으로 세 번째 호를 그린다.

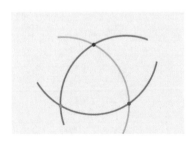

4. 3개의 원의 중심을 세 꼭짓점으로, 3개의 호를 변으로 (주의: 직선이 아님) 룈로 삼각형 하나가 완성되었다.

5. 두꺼운 종이 위의 룈로 삼각형을 잘라낸다. 1~4단계를 반복하여 두 번째 룈로 삼각형을 만든다.

6. 같은 길이의 철끈 3가닥을 잘라 룈로 삼각형 2개의 꼭짓점 3개를 각각 연결하여 바퀴처럼 고정한다. 탁자 위에 공처럼 세워 밀어보자. 구를 수 있는 삼각형일까?

구르는 궤도

실험을 마치고 뢸로 삼각형의 매력을 느꼈다면 우선 원형이 구를 수 있는 이유가 무엇인지 생각해 보자. 직각삼각형 바퀴도, 정사각형 바퀴도 구르지 못한다. 정육각형 역시 구를 수 없지만, 힘을 약간 주면 겨우 구를 수 있다. 하지만 매우 짧은 거리가 될 것이다. 정팔각형, 정십이각형도 힘껏 밀면 조금은 더 멀리 굴러갈 수 있다. 다각형의 변의 개수를 늘릴수록, 원형에 가까울수록 잘 굴러간다.

생각해 보자. 직각삼각형을 굴릴 때의 상황은 두 개의 꼭짓점을 지나쳐 올라가기도 하고, 꼭짓점을 따라 내려가기도 한다. 두 꼭짓점 사이의 거리는 삼각형의 빗변 길이 또는 꼭대기에서 맞은편까지의 거리가 된다. 변의 길이에 따라 구를 때 위아래의 거리가 변한다. 그러나 다각형의 변의 수가 증가하면 구를 때 위아래의 거리 변화는 점점 더 줄어들게 된다. 즉 변화가 적을수록 더 쉽게 앞으로 나아갈 수 있는 것이다. 중요한 포인트를 알아챘을까?

원이 구를 수 있는 것은
위아래 거리의 차이와 관련된다.

동글동글한 원의 중심을 지나는 직선은 지름이고 길이가 일정하기 때문에 아무리 많이 구르더라도 위아래 거리에 차이가 없으므로 평탄하게 굴릴 수 있다. 뢸로 삼각형을 보면, 원과 같이 꼭대기부터 반대쪽까지 어느 한 점을 선으로 연결해도 길이가 같지 않은가? 뢸로 삼각형은 각각의 곡선을 모두 길이가 동일한 반지름으로 그렸기 때문에, 위아래 거리가 일정한 성질을 가진다. 따라서 순조롭게 굴러갈 수 있다. 이러한 특징으로 뢸로 삼각형 모양의 맨홀 뚜껑 역시 맨홀로 잘 빠지지 않는 것이다.

2개의 평행선을 긋고 그 사이에 도형을 끼워 뢸로 삼각형을 굴려볼 수 있다. 뢸로 삼각형은 어떻게 회전하더라도 도형이 평행선을 넘지 않고 평행선에 완전히 끼일 수 있다. 이 평행선의 간격은 일정하다.

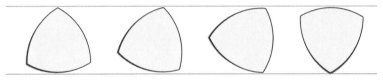

굴러 봐!
이번엔 뢸로 삼각형으로 굴러라!

삼각형 외에 다른 도형에서도 통통한 뢸로 다각형을 상상할 수 있을까? 같은 방법으로 정오각형을 그릴 수 있다. 어떤 한 점을 원의 중심으로 이 점에서 반대편 정점까지의 거리를 반지름으로 한 다섯 개의 호를 반복해서 그리면 뢸로 오각형이 완성된다. 같은 방법으로 뢸로 칠각형도 그릴 수 있다.

몇몇 나라의 동전은 바로 뢸로 칠각형, 뢸로 십일각형이다. 다음에 기회가 되어 뢸로 다각형 동전을 손에 넣게 된다면 자세히 살펴보길 바란다. 동전으로 수학에 대한 지식이 빛을 발할 것이다.

뢸로를 찾아라

왜 '뢸로' 삼각형이라고 할까? 19세기 독일인 엔지니어 프란츠 뢸로Franz Reuleaux 의 이름에서 유래되었다. 이는 그가 뢸로 삼각형을 발명했기 때문이 아니라 최초로 뢸로 모양을 산업디자인에 적용했기 때문이다.

뢸로 삼각형은 중세 말기 고딕 양식의 성당에서도 찾아볼 수 있고, 다빈치가 그린 세계지도에도 이런 모양이 사용되었다. 또한 현대 건축물에서도 뢸로 삼각형을 발견할 수 있다.

▶ 13~15세기에 지어진 벨기에 성모대성당에서 뢸로 삼각형의 창틀을 볼 수 있다.

▶ 독일의 현대식 건물인 쾰른 삼각빌딩을 위에서 내려다보면 그 단면이 뢸로 삼각형처럼 보인다.

더 생각해 보기

뢸로 삼각형으로부터 뢸로 오각형, 뢸로 칠각형으로 변의 수를 늘려 그 확장을 생각해 보았다. 변의 수를 늘리는 것 외에 다른 방법으로 뢸로 모양을 생각할 수 있을까? 공 모양의 뢸로 입체도형도 있을까?

수학감각
기르기

스스로 생각하며 가지고 노는 수학

스펀지처럼 새로운 지식을 빨리 흡수하는 것은 즐거우면서도 중요한 일이다. 그러나 어둠 속에서 혼자 천천히, 남에게 기대지 않고, 스스로 결승선까지 가는 것도 즐거운 일이다.

어렸을 때 나는 우등반 학생으로 일주일에 몇 시간씩 우등반에 가서 수업을 받곤 했다. 어떨 땐 고궁에서 역사 수업을 하고, 야외에서 자연학습을 하기도 했다. 또 친구들과 함께 소설을 읽고 토론을 하거나 논문을 검토하는 등 많은 것을 보고 배웠다.

고등학교 졸업 때까지 12년 동안 학창시절을 보냈는데도 불구하고 몇 가지 인상적인 기억을 제외하면 대부분의 시간을 어떻게 보냈는지 기억이 가물가물하다. 하지만 우등반에서 지낸 기억은 아직도 많이 남아 있다. 누군가 학창시절의 수학공부가 나에게 미친 영향이나 어떤 수학 수업 또는 어떤 수학 선생님이 내게 영향을 많이 주었는지를 물을 때면, 나는 이렇게 말한다.

"그건 바로 우등반의 수학 수업이었습니다!"

선생님 없는 수학 수업

어린 시절 나의 우등반 수학 수업시간으로 되돌아가 본다.

일반 교실보다 두세 배나 큰 교실에 열 명 남짓한 학생들이 교실 곳곳에 흩어져서 일정한 거리를 둔 채, 모두가 고개를 숙이고 말없이 눈앞의 문제지를 풀고 있다. 종이 위에 짧게 몇 줄을 쓰고, 몇몇 학생들은 설명을 첨부하며 활발하게 참여한다. 모두 어려운 수학 문제, 선생님이 어떻게 풀어야 할지 알려주지 않은 문제, 어떤 조건이 필요한지 제시해야 하는 그런 문제로, 나는 '아마도 그럴 것이다.'라는 이름을 붙였다. 선생님은 문제지만 나눠주고 교실을 나가셨다. 우리는 주어진 어려운 문제를 혼자 힘으로 완수해야 한다. 그 당시 아버지는 수학 학습서를 많이 사주셔서 우등반에서 접하는 문제와 유사한 문제들을 나는 이미 풀어본 경험이 있었다.

여러분은 아마 상상도 할 수 없을 것이다. 정말 어려운 문제를 풀어나가는 것이 얼마나 즐거운 일인지를! 절대 풀리지 않을 것 같던 문제가 다양한 각도의 공략 끝에 돌파점을 찾아 답이 나왔을 때의 기쁨을! 나는 껑충껑충 뛰면서 찾아낸 답을 가지고 선생님께 가면 선생님은 내 설명을 듣고 문제를 잘 이해했다며 웃으시며 또다시 새로운 문제지를 주곤 했다.

　나는 이런 수학 수업에 익숙해져서 선생님이 아닌 스스로에게 질문을 하는 버릇이 생겼다. 어디를 모르냐고 끊임없이 물어보고, 어디로 가야 할지 실마리를 찾아 답을 다듬고, 다음 단계에서는 또 어떻게 해야 할지 물음표를 던지는 것이다.

평생 쓸 수 있는 수학적 사고

　독일에서 박사과정을 밟을 때 당시 세계 여러 나라에서 온 동기들이 내게 물었다. "독일 학생들은 강의실에서 말도 안 하고 혼자 몰두하면서 자기 할 일만 하는 게 참 재미없다고 생각하지 않아?" 나는 여태까지 그런 생각을 해 본 적이 없었다. 오히려 교실에서 끝이 없어 보이는 수학 공식을 매일 매일 좇아가며 각종 통신기술의 신뢰도를 계산하는 것이 무척이나 좋았다. 공식으로 화이트보드 반쪽이 가득 채워지고, 다시 새로운 내용으로 채워지는 반복된 일상이 즐거웠다.

　난관에 봉착한 수학 문제를 만났을 때 나의 첫 번째 반응은 '어떻게 하면 비교적 간단하게 풀 수 있을 것인가'이다. 물론 '이번엔 절대 풀리지 않을 것'이라는 생각이 동시에 함께 떠오르긴 한다. 어릴 적 연습 덕분인지 이런 과정에서 수학에 대한 확신이 생겼고, 가만히 시간을 두고 생각하면서 천천히 해나가면 문제가 생각만큼 어렵지 않다는 것을 알 수 있었다.

수학을 생각하는 과정은 고독하다. 물론 처음에는 여러 사람과 문제에 대한 토론도 할 수 있겠지만 심층적인 연구 단계로 들어서면 스스로 파고 들어가는 것이 더 낫다는 것을 비로소 알게 된다. 그래서 수학을 공부하면 점점 더 외로워진다. 자신만이 다음에 어디로 가야 할지 알려줄 수 있다는 것을 깨닫기 때문이다.

우등반의 수학 수업은 특별한 수학을 내게 가르쳐주지도 않았고, 공식 하나도 외우지 않았지만 그런 사고 과정을 착실히 경험하게 해주었다. 이것은 나에게 아주 소중한 경험이었다. 일반 학교 정규수업은 이렇게 사치스러운 사고의 기회를 제공하지는 못하기 때문이다.

천천히 하는 것이 더 빠르다

학교 수업에서 어떤 한 문제를 30분 동안 생각하고도 해결이 안 될 때 우리는 종종 참지 못하고 해답을 찾아본다. 그리고 다시 많은 연습을 통해 해법을 익힌다. 시험도 단순한 측정이 아니라 지식 검증을 위해 숙련도를 비교하고, 누가 정해진 시간 내에 가장 많은 문제를 풀 수 있는지 가려내야 하는 것으로 가장 정확하고 빠른 답을 내야 한다. 이런 학습 방식은 그 나름의 의의와 가치도 있겠지만 전부라고 할 수는 없다.

하지만 내 우등반 시절처럼 적어도 초등학교 때는 천천히 생각하며 세 시간이든 네 시간이든 시험과 상관없이 끝까지 생각하는 기회를 가지는 것이 가치 있다고 생각한다. 과학이나 수학을 좋아하는 사람에게 새로운 많은 지식을 스펀지처럼 흡수하는 것은 즐겁고 중요한 일이다.

다른 한편으로 혼자 어둠 속에서 탐색하는 과정을 거치면 남에게 의지하지 않고도 스스로 결승점에 도달하는 즐거움을 맛볼 수 있다. 가끔은 한 문제라도 연구에 몰두하며 끊임없이 문제를 되뇌이는 것이 필요하다. 수학자 존 리틀우드John Littlewood는 다음과 같이 말한 적이 있다.

어려운 문제를 풀어보려 하라.
어쩌면 네가 그것을 풀 수 없을지도 모르지만
다른 것을 얻을 수 있다.

나는 우등반의 수학시간에 처음으로 '답: ……'이라고 쓴 순간을 영원히 기억할 것이다. 그 순간, 나는 마치 터널 끝에서 피어나는 빛을 보는 것 같았다.

06

원통 컵 가지고 놀기

원에 숨겨진 신기한 비밀번호 '원주율'
원주율을 이용하여 원에 관련된 많은 문제를 해결한다.
이 비밀번호가 몇 번인지 알고 싶은가?
자 없이도 컵과 종이 한 장만 있으면 쉽게 찾을 수 있다!

84

아주 오래전부터 인류는 원을 다뤄왔고 일상생활에서도 바퀴, 컵, 모자, 동전 등 생활용품을 원형으로 만들어 사용하고 있어. 자연에도 원형이 많지. 돌을 물속으로 던지면 수면에 생기는 동그란 물결도 원형이고 다양한 과일, 하늘의 태양과 달도 모두 둥글지(입체적인 원은 '구'라고 한다). 원은 계산하는 것보다 사용하는 것이 더 쉬운 도형이야. 손으로 도자기를 만드는 걸 본 적이 있을 거야. 회전하는 접시에 점토를 올려놓고 손과 발을 이용하여 조작하면 자연스럽게 원통 모양이 만들어져. 시장에서 파는 만두피, 피자 등도 반죽한 밀가루를 밀면서 둥글게 만든 것이지.

원형을 만드는 다양한 기술에는 수학적인 계산이 없어도 된다. 하지만 원 모양의 면적이 얼마인지, 둘레가 얼마인지 알고 싶다면? 그렇다면 수학이 필요하다. 이런 계산에는 반드시 원주율을 사용해야 하기 때문이다.

원주율은 고대 이집트 시대에도 사용한 것으로 발견되었다. 고대 이집트인의 파피루스에 원형을 이용한 계산이 기록되어 있다. 나무통 위에 금속 테두리를 두르는 것과 같이 원형의 재료를 얼마나 준비해야 하는지, 그리고 얼마나 긴 쇠붙이가 필요한지 등의 내용이다.

원둘레와 면적을 어떻게 계산해야 할까? 사람들은 생활 속 문제에 직면하여 직접 재어 보고 계산하면서 결국에는 재미있는 사실을 알아냈다.

원주율은 원주와 지름의 비(比)이다.

만약 여러분이 짧은 자를 이용해서 원둘레(원주)의 길이를 재야 한 다면 어떻게 하면 좋을까? 옛날 사람들은 '할원술'을 발명하였다. 원 주를 여러 개의 작은 호로 자르고, 잘린 호를 더 잘게 잘라 생긴 호를 직선의 일부로 여겨 이것의 길이를 측정한 것이다. 원주를 정교하게 분할할수록 짧은 호를 더한 길이가 원둘레에 가까워진다. 따라서 원 둘레를 알고 지름도 잴 수 있으므로 원주율 계산이 가능하다.

1500여 년 전, 중국의 수학자 조충지가 '할원술'을 이용하여 원주 의 길이를 정교하게 구하고 지름과의 비, 즉 원주율 값을 소수점 아 래 7자리까지 계산해냈다.

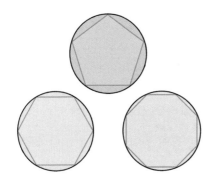

◀ 원주를 균등하게 분할하고 점들을 이어 정다각형으로 연결 하면 정다각형의 변의 수가 많아 질수록 둘레는 원주의 길이에 가 까워진다. 조충지는 원주 위에 점 을 찍어 24,567개의 모서리로 연결하였고 원주율을 소수점 7자 리까지 계산하였다.

하지만 우리는 이번 실험을 너무 힘들게 하지는 않을 것이다. 자 를 이용하여 길이를 측정할 필요도 없다. 컵과 종이만 있으면 된다. 맨손으로 원둘레와 지름을 찾고 원주율까지 계산해 보자.

1. 원통형의 컵을 찾아서 책상 위에 놓은 후, 가늘고 긴 종이띠를 컵에 한 바퀴 돌린다. 종이띠가 겹치는 위치에 표시를 하고 자르면 종이 띠의 길이가 원둘레이다.

2. 넓적한 종이띠의 짧은 부분에서 시작해서 짧은 쪽과 평행하게 여러 번 접어 흔적을 여러 개 남긴다.

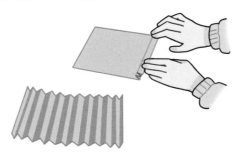

3. 2단계의 종이띠를 펴서 원형 컵 위에 올린 후 앞뒤 좌우로 움직이며 접힌 자국이 컵에 딱 맞을 때의 접힌 자국에 표시한다.

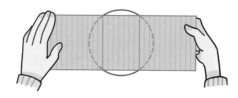

4. 접힌 두 개의 끝점을 대각선으로 연결하면 두 개의 선은 모두 원의 지름과 일치한다.

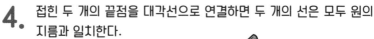
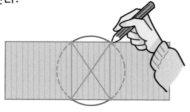

파란색 대각선은 원의 지름이다.

5. 1단계에서 원주를 잰 종이띠를 가져와 지름의 길이에 맞추어 자르면 지름 3개와 작은 종이 조각이 남는다.

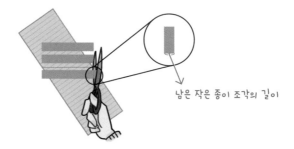

남은 작은 종이 조각의 길이

6. 마지막에 남은 작은 종이 조각의 길이를 지름의 길이와 비교하면 지름의 길이가 작은 종이 조각 길이의 약 7배임을 알 수 있다.

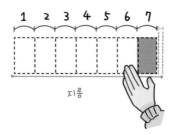

지름

길이를 비교하여 원주율을 계산한다

이 실험은 자를 사용하지 않고도 할 수 있는데 원둘레와 지름을 찾아내는 게 신기하지 않은가? 게다가 우리는 5단계에서 원주가 지름의 3배가 조금 넘는다는 것을, 6단계에서 지름의 길이가 작은 종이 조각의 7배 정도임을 확인하였다. 다시 말하면, 점과 점 사이의 길이는 대략 지름의 1/7이며, 1을 7로 나누면 약 0.14이므로 원둘레를 3개의 지름으로 자를 수 있고, 0.14를 더하면 원의 둘레가 된다.

> 3 + 0.14 = 3.14
> 3.14 ! 이것이 바로 신기한 숫자 원주율이다!

사실 원주율은 간단한 숫자가 아니다. 3.141592로 소수점 아래에 무한한 자릿수가 있어 영원히 쓸 수 없는 숫자다. 따라서 일반적인 계산에서는 근삿값 3.14로 쓰거나 그리스 알파벳 파이(π)로 나타낸다.

우리는 실험에서 맨손으로 원둘레와 원의 지름을 찾아 원주율을 계산해 보았다. 원의 지름을 측정하려면 자가 필요하지만 실험 3단계에서는 기하 성질을 이용하였다. 우선 '원에 내접하는 직사각형'을 찾고 이 직사각형의 대각선이 바로 원의 지름, 대각선이 만나는 점이 바로 원의 중심이라는 것이다. 원주각 90°에 대응하는 현이 곧 지름이라는 정리는 나중에 다시 배울 수 있을 것이다.

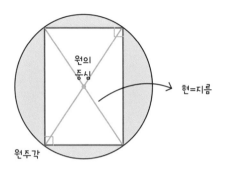

▲ 원주각 90°에 대응하는 현은 바로 지름이다.

실험 과정에서도 알 수 있듯이, 원둘레를 재는 것이 가장 쉽다. 그러나 지름과 원의 중심을 찾아낼 때는 모두 수학적 지식이 필요하다.

하지만 실험에서도 소수점 값을 정확하게 도출하는 것은 쉽지 않다. 예를 들어, 3.141592653은 소수점 아래 값을 여러 개 표시하였지만 원래 값과 비교하면 완벽한 값이라고 할 수 없다. 각자 컵 하나쯤은 있을 것이다. 직접 만지거나 눈으로 봤을 때는 원처럼 보일지라도 원이 아닌 조금 삐뚤어진 컵일 수도 있다. 이런 경우는 실제 실험에서 원주율값의 차이로 나타난다.

완전한 원 형태인 컵을 구해 실험을 직접해 보자. 정교한 원주율값을 얻고 싶다면 별도의 수학적인 방법을 고민해봐야 한다. 학문에는 끝이 없고 정성을 다하는 것이 진리이다.

파이(π) 데이

3월 달에 원주율과 관련된 날이 있다. 바로 3월 14일, 수학자는 이날을 '파이^{π} 데이'로 정하고 기념한다. 일부 수학 광신자들은 오후 3시 9분을 축제 시작하는 시점으로 정한다. 그 이유는 시간을 24시간으로 표시하면 15시 9분이고 159는 원주율의 3.14 이후에 나타나는 세 숫자이기 때문이다. 이날은 유명한 과학자 아인슈타인의 생일이기도 하여 과학자들이 축하할 좋은 이유가 되기도 한다.

파이 데이를 축하하는 전통에는 파이를 먹는다. 왜 그럴까? 원주율은 그리스 문자(파이)로 표시하는데 영어로는 pi로 읽는다. 이는 파이^{Pie}와 발음이 같고 파이도 대부분 둥근 모양이므로 원주율을 축하하는 데 아주 적합해 보인다.

하지만 조충지가 일찍이 제기한 값 22/7을 원주율로 하여도 근삿값

은 3.14와 매우 비슷하다. 즉, 여러분은 7월 22일을 '근사 원주율의 날'로 축하할 수 있다!

더 생각해 보기

자를 사용하지 않고 원의 둘레와 지름을 구할 수 있는 또 다른 방법이 있을까?

07

⟨⋯⋯⟩

직선으로
꽃을 그려 보자

꽃들은 아름다운 곡선을 가지고 있다.
직선으로 곡선을 표현할 수 있을까?
주변을 자세히 살펴보자.
곡선에 숨겨진 각이 있다는 사실은
생각처럼 이상한 일이 아니다.

94

어버이날이나 친구 생일이 다가오면 카드를 예쁘게 만들어 주고 싶지 않니? 카드에 멋진 꽃을 그려 줄 수 있다면 좋겠지만 그림 실력이 좋지 않아서 걱정이라면 도울 방법이 있어! 직선만으로 꽃을 그릴 수 있지. 도대체 이게 가능한 걸까? 직선은 곧게 뻗어 있어서 원이나 호를 그리지 못해. 그렇다면 꽃잎이 삼각형과 같은 다각형 모양일까? 이런 모양은 딱딱하고 곡선미 없는 느낌이야. 하지만 이번 실험에서 기술 하나를 알려줄 것이니 너무 걱정하지 않아도 돼. 실험을 통해 직선이 곡선으로 변하는 것을 확인할 수 있을 거야!

먼저 생활 속의 도형을 잘 살펴보자. 벽돌로 쌓은 집 한 채가 있다. 벽에는 직육면체 모양의 벽돌들이 가지런히 배열되어 있다. 그런데 더 자세히 보니 반원 모양의 아치형 문, 그리고 창문턱에 둥글게 연결된 부분이 보인다. 벽돌은 네모반듯하고 굽어진 부분이 없는데 어떻게 둥근 모양을 만들 수 있었을까? 어떻게 가장자리가 직선인 벽

▲광장바닥의 호 모양

▲벽돌로 쌓은 아치형

돌이 원형으로 연결될 수 있었을까?

종이 한 장을 가져와 원 하나를 그려보자. 원주 위에 임의의 두 점을 찍고 서로 이으면 원의 호와 겹쳐지지 않는다는 것을 확인할 수 있다. 하지만 다시 더 자세히 들여다보면 원주 위에 찍은 두 점이 매우 가까울 때 이 두 점을 연결하면 호와 거의 겹쳐지는 것처럼 보인다. 다시 말해 많은 직선을 이용하면 원과 '근사한' 모양을 그릴 수 있다.

앞에서 '원통컵 가지고 놀기'에서 언급한 '할원술'도 변의 수를 늘인 정다각형을 원과 근사한 도형으로 생각하여 원둘레를 계산한 것이다.

점점 근사한 값을 얻는 방법으로
해답에 한 걸음 한 걸음 다가간다.

우리 생활 곳곳에서 원, 호, 곡선으로 이루어진 것들을 볼 수 있다. 실제로 대부분의 것은 직선으로 원에 가까워지는 근사법을 이용한 것이다.

처음으로 돌아가, 우리는 드디어 직선으로 꽃을 그릴 수 있고 나만의 독특한 카드를 만들 수 있다!

다른 근사

수량에도 근사법이 있다. 반올림, 버림, 올림 등의 방법으로 대략의 값을 구하는데, 이를 근삿값이라고 한다. 근사법으로 얻은 값은 다를 수 있다. 예를 들어 1,700원이 있다면 이를 거의 2,000원이라고 말할 수 있다. 백의 자리에서 반올림하면 1,700원이 2,000원이 된다. 만약 더 숫자를 키우고 싶다면 1,300원만 있어도 거의 2,000원이라고 말할 수 있다. 백의 자리에서 올림한 결과로 3을 무조건 천의 자리로 밀어 넣은 결과이다. 반대로 만약 2,700원을 가지고 있지만 많은 돈이 있다는 것을 사람들에게 알리고 싶지 않다면, 백의 자리에서 버림하여 2,000원 정도 있다고 말할 수 있다.

1. 카드종이를 한 장 준비한다. 연필로 반지름 6cm인 원을 그리고 원의 중심을 기준으로 선을 5개 그린다. 선과 선 사이의 각의 크기는 72°로 한다.

2. 원의 중심에서 원주 방향으로 1cm마다 표시한다. 안쪽에서 바깥쪽으로 각각 1, 2, 3, 4, 5, 6인 지점에 눈금으로 표시한다.

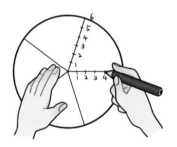

3. 서로 이웃한 두 선에서 각 눈금을 자로 연결한다. 이때 원하는 색상으로 선을 그린다. 규칙은 눈금의 숫자 합이 7이 되도록 한다. 예를 들어 1과 6, 2와 5, 3과 4, 4와 3끼리 연결하면 된다.

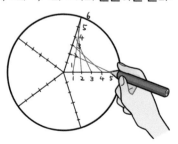

4. 3단계를 반복하여 5개의 선 사이를 모두 연결하면 하나의 기하학적인 무늬가 나타난다.

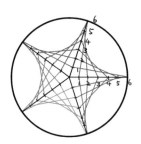

5. 카드종이 위의 연필자국을 지우고, 5개의 선도 색을 입힌다. 4단계 그림에 잎과 줄기를 더 그리면 별꽃 한 송이가 완성된다.

6. 별꽃 몇 송이를 더 그리거나 장식을 추가하거나, 또는 멋진 멘트를 쓰면 나만의 카드 완성!

직선으로 기발한 그림이 그려지다

이 실험의 규칙에 따라 직선을 그려 나가면 곡선이 자신의 모습을 드러내며 한 송이 꽃이 된다. 이것은 우리가 그림을 그릴 때, 직선의 기울기를 교묘하게 제어하기 때문이다. 이웃한 직선의 기울기 차이는 크지 않고 일정하게 줄어들거나 반대로 커지는 모양이다. 또한 이런 직선을 모두 그린 후 전체적으로 보면 어떤 원의 일부인 호처럼 보인다.

수학에서 기울어진 정도를 기울기라고 한다.

기울기 0이 나타내는 선은 수평선이다. 기울기가 1인 선은 45° 기울어져 있다. 수직선의 기울기는 매우 크다. 이는 무한대라고 할 정도로 크고 수치로 나타낼 수 없다.

별꽃 위 5개 영역에 기울기가 서로 다른 6개의 선을 그려보았다. 각 선의 기울기는 인접한 선과 약간의 차이가 있을 뿐이다. 그래서 모든 선은 직선이지만 선과 선 사이의 변화는 크지 않다. 멀리서 보면 무시해도 될 정도이다. 따라서 그림의 경계는 마치 부드러운 곡선처럼 보일 수 있다. 매우 흥미롭지 않은가!

다시 생각해 보면 벽돌로 지은 집에서 아치형 문양은 벽돌이 양옆에서부터 점점 가운데 위로 올라가면서 각 조각의 기울기를 조금씩 변화시키면서 이어나간 것이다. 이는 직선의 기울기를 연속적으로 변화시키면 곡선을 이룰 수 있음을 보여주는 것이다.

이 실험에서 직선을 교차하여 그린 그림을 '포락선(규칙성을 가진 곡선 무리의 모두에 접하는 곡선)'이라고 한다. 이러한 도안의 원리를 응용하면 포물선, 심장선 등과 같은 다양한 기하학적 도형을 만들 수 있다.

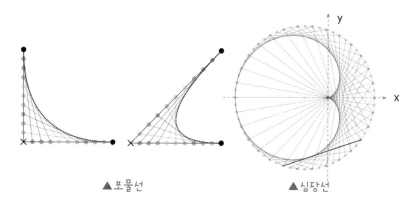

▲ 포물선   ▲ 심장선

수학에 심취하지 않더라도 포락선envelope의 예술 작품에서 아름다움을 감상할 수 있다.

우와! 아인슈타인, 너의 기울기는 0에서 무한대로 변했구나!

기울기란?

기울기는 직선의 기울어진 정도를 말한다. 한 직선 위에 두 개의 점을 정하고 수직 방향에서 이 두 점까지의 거리를 수평 방향에서의 거리로 나눈 것이 바로 기울기이다. 직선을 따라 오른쪽 수평 방향으로 1만큼 이동할 때, 수직 거리가 더 큰 값만큼 이동할수록 기울기도 더 커진다. 다음 그림에서 어떤 직선의 기울기가 더 클까?

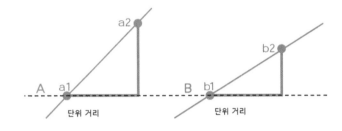

더 생각해 보기

1. 앞의 실험에서 0.5㎝마다 눈금을 그려 12개의 점에서 선을 이으면 호가 더 부드럽게 연결되지 않을까? 직선의 기울기를 이용하여 설명할 수 있을까?

2. 포락선 화법을 이용하여 어떤 도안을 만들 수 있을까?

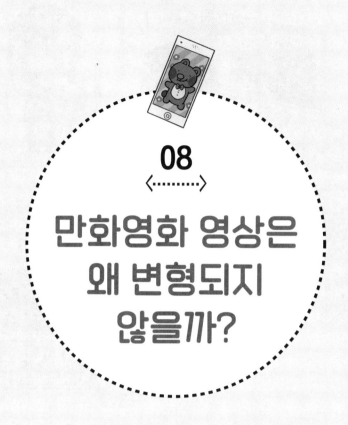

08

만화영화 영상은
왜 변형되지
않을까?

화면은 큰 것도 있고 작은 것도 있다.
책 속의 코난도 크거나 작다.
그런데 어째서 모두 코난처럼 보이는 걸까?
화면 영상에 나타난 대상을 직접 측정해서 확인해 보자!

104

만화영화 보는 건 좋아하니? TV에서 만화캐릭터를 본 후, 스마트폰이나 컴퓨터로 더 많은 캐릭터를 찾아본 적 있지? TV·스마트폰·컴퓨터 등 다양한 크기의 화면이 크기가 커지기도 하고 줄어들기도 하지만 캐릭터의 모양에는 변형이 없다는 것을 알고 있을 거야.

화면의 변화에도 명탐정 코난은 살이 찌지 않고 미키마우스도 날씬해지지 않아!

영상이 확대 또는 축소될 때
가로세로 비율을 유지하기 때문이다.

어떤 화면에서 보든 화면 비율은 일치한다. 현재 가장 일반적인 화면의 가로, 세로의 비는 16:9이다. 화면의 가로세로가 몇 cm인지 상관없이 수학적으로 계산해 16:9로 맞춘다. 예를 들어 화면이 가로 32cm, 세로 18cm이면 가로, 세로의 비는 32:18로 32와 18을 2로 나누면 16:9가 된다.

또한 16÷9는 대략 1.78이므로 1.78이라는 비율로 화면의 비율을 확인할 수 있는데 이를 직접 실험으로 알아보자.

1. 스마트폰 사진첩에서 직사각형 모양의 화면에 꽉 찬 사진이나 캐릭터 사진을 골라 사진의 가로와 세로를 측정한다.

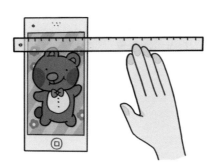

2. 가로와 세로를 각각 비교 계산한다. 1.78의 경우, 가로와 세로를 나타내는 비는 대략 16:9이다.

$$\frac{b}{a} = 1.78$$
$$\Rightarrow b : a = 16 : 9$$

$\pi = 3.141$

$F = ma$

3. 스마트폰의 화면 '수직방향 잠금' 기능을 해제하고 스마트폰을 가로로 돌려놓으면 작은 사진이 되면서 화면의 중앙에 재배치된다. 이때 사진의 가로와 세로 비율을 계산한다.

4. 사진파일을 컴퓨터로 전송하여 연 후, 사진의 가로와 세로 길이를 잰다.

일정한 비, 변형되지 않는 그림

실험을 통해 크기가 서로 다른 화면에서 동일한 사진의 가로, 세로의 비는 항상 유지된다는 것을 확인하였다. 같은 크기의 화면에서 같은 그림의 가로와 세로의 비율은 같으므로 같은 스마트폰의 사진은 수직이나 수평 배치에 따라 크기가 달라지지만, 가로세로 비율은 그대로다. 스마트폰, 액정TV, 데스크탑, 노트북 등 영상물을 볼수 있는 장비 대부분은 16:9의 비를 가진다. 이는 사람들이 흔히 말하는 화면의 최적의 비율로 사람들이 비교적 편안하게 화면을 볼 수있도록 한 것이다.

아이폰 8 Plus의 경우, 실제 측정한 화면은 가로 12.3cm, 세로 6.9cm, 가로 세로의 비가 $12.3 \div 6.9 = 1.78$로 16:9의 비와 거의 같다. 아이폰 8 Plus의 화면의 가로세로 비율이 16:9임을 확인했다. 여러분도 계산기를 직접 가져와 12.3과 6.9의 숫자를 0.77로 나누어 소수 첫째자리에서 반올림하면 16:9의 숫자를 얻을 수 있다. 더정확한 값이 궁금하다면 인터넷을 통해 화면의 해상도 사양을 조회할 수 있다. 아이폰 8 Plus의 해상도는 1920×1080이기 때문에 다음과 같다.

> 비율 = 1920 ÷ 1080 ≒ 1.78
>
> (1920 ÷ 120) : (1080 ÷ 120) = 16:9

다만 스마트폰이나 기타 전자제품의 화면 규격이 반드시 16:9인 것은 아니다. 어떤 것은 2:1, 4:3 혹은 기타 비율이 될 수 있다. 특히 요즘 스마트폰의 디자인은 폴더형을 비롯해 매우 다양한데 모두 화면의 크기에 영향을 줄 수 있다. 이럴 경우 동일한 화면을 송출할 때 캐릭터가 뚱뚱해지거나 날씬해질까?

전체 화면을 자세히 살펴보면 사진이나 영화의 화면이 화면을 꽉 채우지 않고 주변에 항상 검은색이 생기는 것을 볼 수 있다. 비율이 동일하게 유지된다는 것은 화면 크기에 따라 보여지는 화면의 크기가 변한다는 것이다. 따라서 앞으로 TV, 스마트폰, 컴퓨터 등의 화면 옆에 검은색이 보이면 실제 영상은 화면의 가로세로와 크기가 다르다는 것을 알 수 있다.

화면의 해상도란?

화면의 해상도는 화면이 보여줄 수 있는 사양을 나타내며 단위는 픽셀이다. 같은 크기의 화면은 화소가 커질수록 해상도가 높아진다. 1920×1080은 가로를 따라 나타나는 화소

점이 1,920개, 세로를 따라 나타나는 화소점이 1,080개라는 것이다. 해상도는 픽셀의 가로세로의 비로 해석가능하고 영상의 가로세로 비를 나타낼 때 사용한다.

더 생각해 보기

화면의 비가 2:1인 스마트폰으로 16:9인 화면의 영화를 보려고 한다면 화면의 비율을 유지하기 위해 화면의 위아래 또는 좌우에 검은색은 어떻게 나타날까?

09

케이크를
완벽하게
자르는 법

케이크를 완벽하게 자를 수 있을까?
여러 가지 방법으로 함께 잘라 보자.
그리고 케이크를 좀 더 신선하게 유지할 수 있는 커팅 법을 생각해 보자!

112

케이크를 잘라본 적이 있니? 어렸을 때 부모님이 처음으로 케이크 자르는 중대한 임무를 내게 맡겼을 때, 어린 나는 매우 기뻤어. 하지만 케이크 한 조각 한 조각을 같은 크기로 잘 자르려고 무척 애를 썼던 것에 비해 결과는 그다지 좋지 않았지.

만약 어떤 첨단 기술을 이용해 원의 중심이나 각도 등 케이크 위에 보조적인 장치를 할 수 있다면 케이크를 더 반듯하고 정확하게 자를 수 있을지도 모른다. 그렇다면 어떤 보조 장치가 필요할까? 예를 들어, 둥근 케이크를 2등분하려면 케이크의 원의 중심이 어디에 있는지 알아낸 후에, 칼로 원의 중심을 통과하는 직선 즉, 지름을 따라 잘라야 한다. 4등분을 하려면 칼로 원의 중심을 통과하도록 한 번 자르고, 두 번째도 마찬가지로 중심을 통과해 자르는데 이때 첫 번째 칼의 직선과 두 번째 칼의 직선이 서로 수직이 되도록 유지해야 한다.

8등분하는 것은 조금 더 어려워진다. 세 번째, 네 번째 자르는 칼은 반드시 '각의 이등분선'이어야 한다. 즉, 첫 번째와 두 번째 칼로 형성된 수직선 사이의 직각을 이등분한다. 2등분, 4등분, 8등분을 할수록 점점 더 많은 수학적 지식 활용이 필요해진다. 이러한 과정으로 모두 동일하게 자를 수 있다.

또 다른 일반적인 방법은 6등분으로 나누는 방법이다. 먼저 2등분으로 자른 후 반원을 똑같이 3등분한다. 수학에서 각을 3등분하는 것은 수직 또는 각을 2등분하는 것보다 훨씬 어렵다. 자와 컴퍼스뿐만 아니라 보조도구가 더 필요하다. 그래서 6명이 똑같은 크기의 케이크를 나눠 먹는 것은 쉽지가 않다.

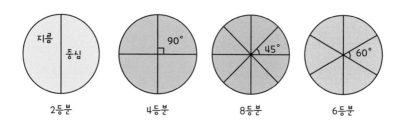

2등분   4등분   8등분   6등분

신선함을 오래 유지하는 케이크 자르는 방법

케이크를 자를 때 신선함까지 유지할 수 있는 방법이 있다. 진화론을 제기한 저명한 과학자 다윈의 사촌동생인 수학자 골턴F. Galton은 부채꼴로 자른 케이크를 먹고 남길 경우 한동안 방치하면 맛이 없어지는 이유를 알았다. 구멍 난 케이크의 단면이 공기에 노출되면서 건조해져 원래와 다르게 촉촉함이 사라지기 때문이었다.

이 문제를 해결하기 위해서 골턴은 '케이크의 맛이 완벽하게 보존되는 커팅법'을 제시하였다. "남은 케이크의 잘린 단면이 공기에 닿지 않기 때문에 신선함을 유지할 수 있다!" 흥미롭게 들리지 않은가?

먼저 여러분이 이 방법의 키워드를 제시한다면? 바로 '대칭'이다. 골턴은 1906년 과학저널 네이처에 케이크 커팅법을 발표하였다.

이제부터 케이크 커팅 실험을 해 보자.

1. 4인치 정도의 원형케이크와 케이크 자르기에 사용할 칼을 준비한다.

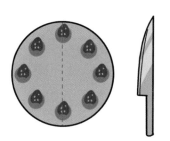

2. 케이크의 (원의) 중심과 지름을 눈대중 또는 도구로 측정하여 지름 왼쪽으로 칼날을 조금 움직여서 지름과 평행한 방향으로 첫 번째 커팅을 한다.

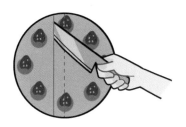

3. 두 번째 커팅은 지름 오른쪽을 평행하게 자르는데 첫 번째와 두 번째 간격을 일정하게 유지한다.

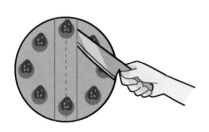

4. 가운데 잘린 부분은 조심스럽게 꺼내 먹는다.

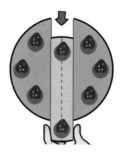

5. 양쪽에 남은 케이크 두 조각을 가운데를 기준으로 하나로 모은다. 케이크를 올리브 모양으로 만들고, 절단면이 보이지 않게 한다.

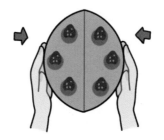

6. 남은 케이크도 같은 방법으로 잘라서 먹는다. 위의 커팅과 수직 방향으로 가운데 부분을 잘라내고 남은 케이크를 하나로 모은다.

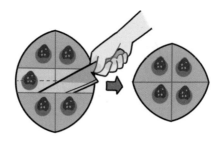

케이크의 '현'에 주목하라

방금 한 실험에서 케이크의 면적은 점점 작아지지만 베지 않은 면의 전체 모양을 유지하는 것이 케이크를 신선하게 유지하는 수학자의 방법이었다.

처음으로 돌아가 케이크를 정확하게 똑같이 나누는 커팅법은 원의 중심, 지름, 수직, 각도 등 수학적 개념이 필요하다. 그러면 우리가 실험에 사용한 수학적 지식은 무엇일까? 먼저 원의 중심과 지름을 알아야 한다. 칼이 지름 좌우 양쪽에 하나씩 칼집을 낼 때 무엇이 나타나는지 알아야 한다. 또 평행선을 이루는 직선을 두 개 잘라내야 한다. 케이크 가운데를 꺼낸 후 남은 좌우 두 개는 비로소 대칭이 된다. 눈치챘겠지만 한 번에 잘라내는 두 단면의 길이가 같아야 한다는 점이 중요하다.

원 위의 임의의 두 점을 이었을 때 생기는 직선을
수학에서 '현'이라고 부른다.

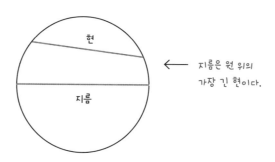

케이크 위에 칼로 두 번 자르는 부분은 원에서 '현'에 해당한다. 원 위에 그려 넣은 두 현의 길이가 같다면, 중간의 케이크를 가져간 후에, 남은 케이크를 완전히 하나로 모을 수 있다.

색종이로 한번 해 보자. 둥글게 원을 하나 그린 후 잘라낸다. 원 위에 마음대로 줄을 긋고, 자로 길이를 재어 같은 길이인 두 줄을 따라 자르면 좌우의 색종이 두 장이 꼭 합쳐진다. 케이크 자르기 방법은 좌우 대칭을 유지하므로 잘라낸 두 개의 줄 길이도 똑같다.

이와 같은 케이크 커팅법은 정말 놀라운 생각이다. 왜 이런 방법이 유행하지 않는지 모르겠다. 아마도 이유는 많을 것이다. 예를 들면 중간에 낀 케이크를 완전하게 잘라 가져오기는 사실 좀 어렵다. 또 케이크를 등분하는 것도 쉽지 않다. 모든 사람이 완벽히 같은 크기의 케이크를 나눌 수 없으니, 그다지 공평하다고 느끼기도 어렵다. 케이크를 자르는데 고려해야 할 것이 이렇게나 많았다니!

한 입에 다 먹는 게 좋지!
신선도를 걱정할 필요도
없어!!! 킁!

케이크를 6등분하는 법?

케이크를 깔끔하게 6등분하고 싶지만 쉽지 않다. 이번에는 '대략' 6등분 자르기 방법을 알아보자. 먼저 칼로 원 위의 지름을 따라 케이크를 수직으로 잘라 네 개의 부채꼴 모양을 만들고, 네 개의 부채꼴 모양에서 활꼴 부분을 잘라, 두 개가 한 쌍이 되도록 두 쌍의 올리브 모양을 만들면 케이크는 그림과 같이 대략 여섯 등분이 된다.

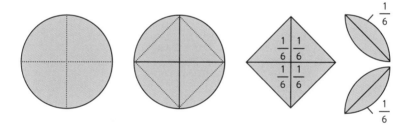

왜 그럴까? 원의 반지름을 1이라고 가정하면 다음과 같이 계산된다.

원의 넓이는 $1 \times 1 \times 3.14$이므로 대략 3 정도이다.

하나의 직각 삼각형의 넓이 $= 1 \times 1 \times \dfrac{1}{2} = \dfrac{1}{2}$

$\dfrac{1}{2}$은 3의 $\dfrac{1}{6}$이므로 직각 삼각형은 원 넓이의 약 $\dfrac{1}{6}$을 차지한다.

직각삼각형 4개의 넓이 = $\dfrac{1}{2} \times 4$ = 2

원의 넓이 - 직각삼각형 4개의 넓이 = 3 - 2 = 1

그래서 올리브 모양은 두 개가 약간 다를 수 있겠지만 $\dfrac{1}{2}$ 정도, 그러니까 원 넓이의 약 $\dfrac{1}{6}$ 인 셈이다. 이렇게 하면 케이크를 대략 6등분할 수 있다.

더 생각해 보기

원형의 케이크가 하나 있을 때, 누군가가 부채꼴 6개가 되도록 케이크를 등분했다고 하자. 이때 케이크를 두 번 더 잘라 어떤 부분을 먹은 후, 남은 케이크 부분을 잘린 단면이 겉으로 드러나지 않게 하나의 모양으로 만들 수 있을까?

10

<———>

신기한
뫼비우스 띠

이렇게 신기한 입체도형이 있다니!
돌고 도는 평면이라고?
수학의 세계에서 '두 평면을 가지는 입체도형'은 어떤 모양일까?

122

긴 종이띠를 하나 가져와 양쪽 끝을 연결하면  평범한 고리 모양을 얻을 수 있어. 하지만 만약 종이를 연결하기 전에, 먼저 종이를 반으로 돌려서 다시 양 끝을 연결한다면 어떤 모양이 될까? 이것이 바로 뫼비우스 띠야!

뫼비우스 띠에 펜으로 고리 외부에 임의의 점 하나를 찍고 고리를 따라 계속 선을 그리며 따라 가보자. 펜만 보고 따라 가다 보면 어느새 고리 내부로, 다시 고리 외부의 원래 점으로 돌아온다. 이후 뫼비우스 고리를 뜯어서 평평하게 하고 원래의 긴 종이띠로 되돌려보면 종이띠의 앞뒷면 양면 모두에 선이 그어져 있다. 다시 말해, 일반적인 종이 고리에 있던 원래의 서로 다른 두 면이 뫼비우스 띠를 만드는 과정에서 방향을 한 번 바꿔서 이은 결과로 결국은 한 면이 되어 연결되는 것이다.

뫼비우스 띠는 앞뒷면 구분 없이
하나의 면으로 이루어진 특이한 입체이다.

어떤 면이 뫼비우스 띠의 외부인지 또는 내부인지 구분할 수 없다. 이것은 19세기 독일의 수학자 뫼비우스[A. Möbius]가 발견하였는데 특별한 입체의 기하학적 형상으로 많은 수학적 논의를 불러일으켰다.

이런 모양이 일상생활에서 어디에 쓰이는지 찾아보자. 분명히 우리 생활 속에서 발견할 수 있다. 특히 이런 입체 도형은 베이글을 먹을 때 유용하게 쓸 수 있다!

창의적으로 베이글을 자르는 법

평소 베이글을 먹을 때, 일반적으로 칼로 베이글을 두 쪽으로 나누고 잘린 단면에 크림을 발라 먹는다. 이때 꽉 잡지 않으면 베이글이 미끄러져 손이 더러워진다. 하지만 뫼비우스 띠 개념을 활용하여 베이글을 자르면 미끄러지지도 않고 손에 잘 잡힌다. 한 번 칼을 내려간 후 한 번은 베이글과 칼의 각도를 바꿔 한 바퀴 돌린다. 마지막으로 뫼비우스 띠 모양으로 도려내면 베이글이 둘로 나뉘지 않고도 한 바퀴를 돌려 절개된다. 그리고 절단면은 하나의 곡면으로 나타난다. 이런 방식으로 자른 베이글의 절단면에 크림을 바를 경우 한 번에 크림을 듬뿍 바를 수 있다.

124

베이글 커팅법의 다른 방법도 살펴보자. 역시 뫼비우스 띠의 개념을 적용했지만 방법은 좀 다르다. 신기하게도 자른 베이글이 두 개의 고리로 바뀐다. 앞으로 베이글에 크림을 발라 먹고 싶을 때 창의적인 방법으로 뫼비우스 띠를 만들면 더 맛있게 먹을 수 있다!

호기심이 더 생긴다면 다음의 QR코드를 스캔하거나 인터넷에 접속해 영상 속 베이글이 어떻게 잘려지는지 확인해 볼 수 있다.

다음 실험은 비교적 간단한 것으로 종이 조각을 이용한다. 뫼비우스 띠의 매력을 느껴 보자!

1. 종이띠 하나를 준비한다. 폭은 3cm 이상이 되도록 하고 길이는 폭의 5배 이상 긴 것이 좋다.

2. 종이를 반 바퀴 돌린 뒤 머리와 꼬리를 맞댄다.

3. 접착테이프를 이용하여 붙이면 뫼비우스 띠 하나를 얻는다.

$\pi = 3.141$

4. 뫼비우스 띠에 펜으로 선을 그은 후 한 지점에서 출발해 계속 그어 나가면 어떻게 될까?

5. 가위를 이용하여 뫼비우스 띠의 중앙선을 따라 자르면 어떻게 될까?

6. 5의 결과 위에 중앙선을 긋고 다시 가위를 이용하여 선을 따라 자르면 어떤 모양으로 잘릴까?

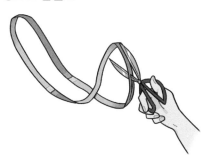

다양한 뫼비우스 띠

뫼비우스 띠를 만들어 보았다. 그런데 마지막
두 단계에서 나온 결과가 매우 놀랍다. 일반적으
로 원 고리를 자르면 얇은 두 개의 고리가 생기
는데 뫼비우스 띠는 그 사이를 잘랐을 때 더 크
고 더 가는 고리 하나가 되었다. 조금만 더 생각
해 보면 둘레는 두 배, 폭은 절반이 되는 것을 알 수 있다. 둘레는 왜
두 배가 될까? 새로 만들어진 고리를 한 번 더 자르면 신기하게도 두
바퀴가 엉키는 고리가 되어 떼려야 뗄 수도 없다. 간단한 과정에서 엉
뚱한 결과를 만들어 내는 것이 뫼비우스 띠의 매력이라고 할 수 있다.

뫼비우스 띠의 개념이 적용된 베이글 자르는 법은 흥미로운 응용으
로 산업 제조에 활용된다면 좋을 것이다. 예를 들어 이전의 음악은 테
이프에 저장하고, 자성 물질을 플라스틱 고리에 칠하는 식이었다. 한
쪽 면에 음성 신호를 기록하고 말아 녹음테이프를 만들면 테이프가 재
생기의 읽기와 쓰기를 지나면서 소리가 튀어나온다.

긴 종이띠를 이용한 테이프도 상상해 볼 수 있다. 테이프가 뫼비우
스 띠 모양으로 만들어지면 저장 가능한 자료의 길이가 두 배는 아니
더라도 저장량은 두 배로 늘어난다. 같은 방법으로 만약, 공장의 생산
라인 컨베이어 벨트를 뫼비우스 띠로 만든다면 본래의 앞뒷면이 한 면
으로 바뀌어 마모율은 절반으로 줄고 사용시간은 두 배로 늘어나므로

원가를 절감할 수 있을 것이다.

뫼비우스 띠는 우리의 생활 속 여러 곳에서 활용되고 있다. 다음의 왼쪽 로고는 국제 순환 재건 마크로 1970년대에 23세의 대학생이 설계한 것이다. 이 마크는 내외부의 경계를 허물어 오물이 다시 자원으로 끊임없이 재생될 수 있다는 것을 상징한다. 오른쪽 로고는 구글 클라우드 로고로 모두 뫼비우스 띠이다.

▲국제 순환 재건 로고　　　　▲구글 클라우드 로고

예술가들도 뫼비우스 띠에 관심이 많았는데 특히 네덜란드의 착시 예술가인 에셔M. C Escher의 작품 중에는 뫼비우스 띠를 주제로 한 것이 많다.

수학은 계산에만 사용되는 것이 아니다.
예술도 계발할 수 있다!

에셔는 평면과 입체의 경계를 허물어 사람들로 하여금 화면의 시작점과 끝점을 알 수 없게 하였다. 그의 그림은 수학의 기하학적 법칙과 착시를 이용한 교묘한 기법으로 가득 차 있어 사람들이 혀를 내두르게 한다.

더 많은 뫼비우스 띠

뫼비우스 띠는 생활 속에서 아이콘이자 예술작품의 창작원이 되고, 적지 않은 문학작품, 영화, 만화, 심지어는 비디오 게임의 영감의 원천이 된다. 도라에몽의 이야기에는 뫼비우스 띠처럼 생긴 소품이 하나 있는데, 문에 걸치면 문 밖에서 실내로 들어오는 사람들이 문 밖의 세계를 계속 볼 수 있다. 비디오게임 '스피드보이'에도 뫼비우스 띠 모양의 트랙이 등장하고 한국 영화 '뫼비우스'는 뫼비우스 띠의 돌고 도는 은유를 인용한 작품이다.

▶ 이와 같은 기하학적 착시 요소는 에셔의 그림에 자주 나타나 입체도형 속 상하좌우의 경계를 구분하지 못하게 한다.

더 생각해 보기

뫼비우스 띠는 내외부의 경계를 없애고 하나의 면을 이룬다. 만약 평면을 공간으로 확장한다면 어떻게 될까? 일반적인 병은 공간을 병 내부와 병 외부로 나눌 수 있다. 어떤 병을 뫼비우스 띠처럼 내외부 공간을 하나로 연결할 수 있을까? 함께 생각해 보자. 그리고 인터넷에서 클라인병을 검색해 보자.

수학
속으로

노벨 물리학상 수상자
펜로즈의 수학 이야기

어릴 때, 나는 계산이 아주 느렸다. 그래서 그런지 선생님은 나를 별로 좋아하지 않았고 나를 한 단계 낮은 반으로 보내버렸다. 다행히도 그 반에는 관찰력이 좋은 선생님이 한 분 계셨는데 그는 나에게 '얼마나 오랫동안 계산하든 다 괜찮아'라고 말해 주었다.

－로저 펜로즈(Roger Penrose)

2020년의 노벨물리학상은 옥스퍼드대학의 펜로즈에게 그 영광이 돌아갔다. 블랙홀이 넓은 의미에서 상대성 이론의 직접적인 결과임을 수학적 증명을 이용해 나타내 보였다. 어떤 학자들은 그를 아인슈타인, 스티븐 호킹과 함께 기초과학에 지대한 공헌을 한 학자라고 일컫는다.

얼마나 대단한 사람일까?

펜로즈는 어떤 사람일까. 실제로 펜로즈라
는 이름을 들어본 적은 별로 없어도 그의 작
품을 간접적으로는 본 적이 있을지도 모른
다. 영화 '인셉션^{Inception}'에 등장하는 무한계
단은 그와 그의 아버지의 공동 창작품이다.

▲ 2020년
노벨물리학상 수상자
로저 펜로즈

펜로즈의 아버지는 저명한 심리학자, 수학
자, 체스 전문가였다. 그래서 펜로즈는 어릴
적부터 아버지가 각 분야에 심취하여 연구하는 과정을 보며 자랐고
펜로즈 또한 충분히 지식을 터득할 수 있었다.

그는 석사 2년차에 암스테르담에서 열린 국제 수학자 대회에 참
가하였다. 이 대회는 4년에 한 번 열리는 전 세계적인 수학자 대회
로, 필즈상을 수여한다. 당시 대회 의장인 드브뢰는 수학과 예술을
연결하고 싶어 수학을 좋아하는 화가를 찾았고 전시를 기획하였다.
이 전시회에 참여한 에셔라는 화가는 수학 교육을 따로 받은 적은
없지만 그림에는 수학과 관련된 재밌는 것들로 가득했다. 젊은 펜로
즈는 그의 작품 《낮과 밤$^{Day\ and\ Night}$》(1938)이라는 작품에 매료되었
다. 검은 새와 흰 새를 서로 번갈아 새겨 넣은 이 작품은 한 순간에
그의 시선을 사로잡았다. 이후에 그는 이렇게 회고하였다.

"나는 이 환상적인 작품 앞에 하염없이 서 있었다. 여태껏 한 번도 이런 작품을 본 적이 없었다. 집으로 돌아간 후, 나는 존재할 수 없을 것 같은 작품을 그려보기로 했다. 그래서 결국에는 펜로즈 삼각형을 그렸고 아버지를 찾아갔다."

▲ 세계적으로 유명한 네덜란드 아티스트 에셔의 착시 예술작품. 그는 기하학적 개념을 자주 사용하여 평면과 입체 사이의 관계에 도전하였다. 그의 작품은 네덜란드 헤이그의 에셔미술관에 소장되어 있다. 입구 앞에 걸린 이 작품이 바로 《낮과 밤》이다.

오늘날 많은 예술, 디자인 분야에 스며든 재미있는 작품들은 바로 에셔의 작품을 본 펜로즈의 창작품들이다. 천재들의 창조적인 아이

▲ 펜로즈 삼각형

디어는 이렇게 서로를 자극한다. 에셔가 펜로즈 삼각형을 보고 똑같이 빠져들었는데 이 개념을 이용하여 《폭포》(Waterfall, 1961)와 《계단 오르내리기》를 만들었다고 한다. 이후 두 사람은 교류를 시작하였고 에셔는 33세가 어린 젊은 수학자에게 조언을 청하곤 하였다. 펜로즈 또한 그가 생각한 각종 수학적인 아이디어를 기꺼이 공유하였다. 에셔의 생애 마지막 작품인 《영혼》의 영감은 바로 펜로즈가 그에게 준 직접 제작한 퍼즐 상자였다.

오각형은 어떻게 쓰이나요?

펜로즈는 '펜로즈 테셀레이션'으로도 유명하다. 두 개의 사각형을 기본으로 하여 반복해서 끼워 넣은 오각형의 회전대칭도형이다. 많은 사람이 이런 벽돌을 밟았거나 적어도 컴퓨터 화면 등에서 한 번쯤은 본 적이 있을 것이다. 이를 발명한 기원도 매우 흥미롭다.

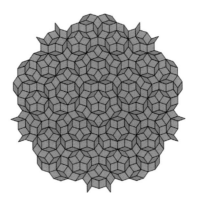

▲ 펜로즈 테셀레이션

　정육각형 모양의 조각은 구와 비슷한 모양을 만들 수 있는데 펜로즈는 정육각형의 많은 조각을 이용해 축구공을 만들고 싶었다. 그의 아버지는 학문의 경계를 초월한 대학자로서 이를 보고 "정육각형으로는 안 된다. 오각형을 사용해야 한다."라고 조언하였다.

　이어 아버지는 펜로즈에게 십이면체를 보여주었다.

　34년 후, 대수학자로 성장한 펜로즈는 펜로즈 테셀레이션을 제시하였다. 어릴 적부터 마음속에 품은 의문을 스스로 해결한 것이다.

얼마나 오래 계산하든 괜찮아

　가정환경의 영향으로 펜로즈에게 연구와 수학은 오락 그 자체였다. 그런 펜로즈도 정육각형으로 구를 구상하기 불과 일 년 전 여덟

살 때에는 학교 선생님으로부터 수학을 잘하지 못한다는 평가를 받기도 했다.

그는 시험 문제를 풀 때 시간 제한에서 벗어난 후 이렇게 말했다.

"다른 친구들이 문제를 다 풀고 놀고 있을 때 나는 계속 계산했다. 다음 수업 시간이 되어도 나는 계속 같은 시험지 문제를 풀었다. 나의 계산 속도는 적어도 다른 사람의 두 배는 느렸지만 이렇게 천천히 해도 결국 잘할 수 있었다."

펜로즈는 수학을 기반으로 하여 노벨물리학상을 받았다. 그에게 있어서 수학은 재미와 매력으로 가득 찬 것으로 이것이 큰 위력을 발휘해 전 인류가 지식의 경계를 넓히도록 해주었다. 이것이 바로 수학의 본질이다!

수학은 속도가 아니라 깊이다.

사고는 계산이 아니다.

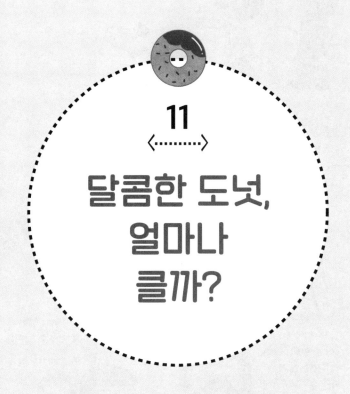

11

달콤한 도넛, 얼마나 클까?

가운데가 뚫려 있는 달달한 도넛!
이런 도넛의 면적은 어떻게 계산해야 할지 아리송하다.
도넛 계산의 세 가지 흥미로운 방법!
우리 함께 숨겨진 삼각형을 찾아보자!

140

도넛은 딸기나 초콜릿 소스를 듬뿍 바른 것, 콩가
루를 묻힌 것 또는 일반 빵에 설탕을 뿌린 고전적인
것 등 그 종류가 다양해. 나는 도넛을 매우 좋아해
서 한번에 세네 개를 먹기도 하지. 옆에서 그만 먹으라고 말리면 도넛
은 고리 모양으로 중간이 비어 있어서 그리 크지 않다고 반박해. 그런
데 도넛은 왜 고리 모양일까? 도넛의 크기는 어떻게 잴 수 있을까?

도넛의 텅 빈 모양은 가공과 재료를 줄이기 위해서가 아니라 도
넛을 만들 때 잘 튀기기 위해서다. 도넛이 속이 꽉 차 있다면 중간의
반죽이 잘 튀겨지지 않기 때문에 구멍을 내서 열을 골고루 받을 수
있게 해주는 것이다.

하지만 때로는 동그란 구멍 모양으로 만들어 소비자들이 제품 크
기를 알아채지 못하게 하려는 게 아닌가 하는 의심이 들기도 한다.

사이즈가 매우 크지만 가운데 구멍이 많이 비어 있는 도넛과 사이
즈는 작지만 가운데 구멍도 매우 작은 것 중 어느 것이 더 클까? 수
학자의 마음으로 제빵사의 마음을 헤아려 도넛의 크기를 알아내 보
려고 한다. 편의를 위해 도넛의 두께가 모두 같다고 가정하고 도넛

을 하나의 평면 고리 모양으로 만들어 면적을
계산해 보자.

[방법 1] 큰 원에서 작은 원을 뺀다.

도넛 안쪽의 비어있는 부분을 내원內圓으로 삼고, 가장 바깥쪽은 외원外圓으로 하면 고리 부분은 외원 면적에서 내원 면적을 빼는 것과 같다. 외원의 반지름을 5㎝, 내원의 반지름을 3㎝라고 하고 원주율 3.14를 파이(π)로 표시하면 고리 면적은 다음과 같다.

$$\text{고리 면적} = 5 \times 5 \times \pi - 3 \times 3 \times \pi = 16\pi \; (㎠)$$

[방법 2] 고리를 변형하여 사다리꼴을 만든다.

고리를 자르면 하나의 긴 사다리꼴로 변한다(왜 직사각형이 아닌지 생각해 보자). 사다리꼴의 윗변과 아랫변은 바로 내원과 외원의 둘레이고, 높이는 외원의 반지름에서 내원의 반지름을 뺀 것이다. 따라서 사다리꼴 공식에 의해,

$$(\text{윗변} + \text{아랫변}) \times \text{높이} \div 2$$
$$= (2 \times 3 \times \pi + 2 \times 5 \times \pi) \times (5 - 3) \div 2$$
$$= 16\pi \; (㎠)$$

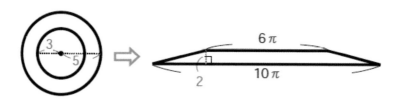

두 방법은 다르지만 결과는 같다. 마치 집에서 학교까지 가는데 다른 코스로 걷는 것과 같다. 길을 바꾸면 새로운 기분을 느낄 수 있고 다른 풍경도 볼 수 있다. 마찬가지로 같은 수학 문제에 대해 다른 접근 방법을 찾아내는 것도 수학 개념을 포괄적으로 이해하는 데에 도움이 된다.

이어서 새로운 실험을 해 보려고 한다. 이것은 제3의 길이며 또한 아주 빠른 지름길이다.

1. 도넛을 하나 준비한다. 내원(작은 원)과 외원(큰 원)의 지름을 잰다.
원주에서 자를 앞뒤로 움직여 가장 긴 폭을 찾으면 지름이다.

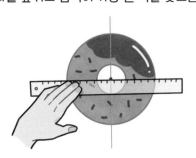

2. 지름의 절반은 반지름이다. 지름과 지름의 교점을 원의 중심으로
하여 바깥쪽으로 측정하면 내원과 외원의 반지름을 알 수 있으며
b, c로 표시한다.

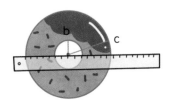

3. 큰 원의 면적에서 작은 원의 면적을 빼서 도넛의 고리 면적을 계산
한다.

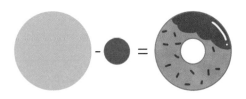

4. 이어서 도넛 면적을 계산하는 세 번째 방법이다. 그림과 같이 작은 원둘레를 스쳐 지나도록 일직선으로 자른다.

※ 주의 ※
이 직선은 작은 원의 둘레와
딱 한 점만을 공유한다.

5. 방금 잘라낸 도넛을 덜어내고 절단 부분의 길이를 재어 2로 나눈 후, 이 길이를 a로 표시한다.

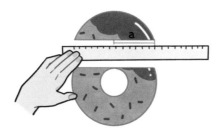

6. a에 a를 곱하고 다시 원주율을 곱해 그 결과가 3인지 확인한다. 도넛에서 a, b, c의 세 변으로 이루어진 삼각형을 찾아보자.

도넛 위의 삼각형

실험의 마지막 단계에서 여러분은 도넛에 숨겨진 삼각형을 찾았을까? 그것은 직각삼각형이어야 한다. 우리는 도넛 면적을 세 번째 방법으로 계산한 것을 사용한다. 앞의 두 가지 방법과 그 결과는 거의 같은데 그 비밀은 바로 이 직각삼각형에 숨겨져 있다.

직각삼각형에는 매우 중요한 수학 원리가 있는데, '피타고라스의 정리'라고 부른다. 직각삼각형의 빗변 길이에 빗변 길이를 곱하면, 직각을 낀 두 변 각각이 자신의 값과 곱해진 결과를 더한 것과 같다. 만약 4인 경우, 자신의 값과 곱하면 4×4가 되는데 4^2으로 쓰기도 하고 이를 '4의 제곱'이라고 읽는다.

피타고라스의 정리

직각삼각형의 빗변의 제곱은
이웃하는 두 변의 제곱을 더하는 것과 같다.

따라서 만약 직각삼각형의 빗변이 5이고, 직각 옆의 한 변이 3이라면 다른 한 변은 반드시 4이다.

$5 \times 5 = (3 \times 3) + (4 \times 4)$

직각삼각형의 특성을 파악했다면 앞의 실험 4단계로 돌아가자.

여러분은 도넛 안의 작은 원의 둘레 위의 한 점을 따라 도넛을 직선으로 잘라내었다. 수학에서 이 점을 접점, 잘라낸 칼을 '접선'이라고 한다. 접점과 원의 중심을 연결한 선은 접선과 수직이 되기 때문에 내원의 반지름, 외원의 반지름, 그리고 접선의 절반으로 직각삼각형 하나가 만들어진다. 따라서 피타고라스의 정리를 이용하여 큰 원에서 작은 원의 면적을 빼면 접선의 절반 값을 알 수 있다.

앞으로 도넛의 면적을 계산하려면 접선이라는 칼의 길이를 재서 절반만 계산하면 된다. 길이의 반이 4㎝ 도넛 면이라고 가정하면 면적은 다음과 같다.

$$4 \times 4 \times \pi = 16\pi \ (\text{cm}^2)$$

이렇게 계산하면 더 쉽다.

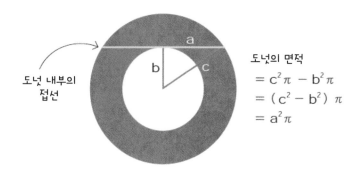

도넛 내부의
접선

도넛의 면적
$$= c^2\pi - b^2\pi$$
$$= (c^2 - b^2)\ \pi$$
$$= a^2\pi$$

피타고라스는 누구인가요?

피타고라스는 기원전 500여 년 고대 그리스에서 공자와 비슷한 시기에 태어났다. 수학자인 그는 세계 만물을 수학적으로 해석할 수 있고 비례, 제곱, 직각삼각형, 피타고라스 정리가 여러 방면에 쓰일 수 있다고 믿었다. 그런데 피타고라스가 이 정리를 발견한 유일한 사람은 아니다. 역사학자들은 피타고라스가 태어나기 훨씬 전에 이미 세계 각지에서 이 내용이 응용되었다고 말한다.

예를 들면 중국 고대의 수학책 《주비산경》이나 고대 이집트 '파피루스(종이가 발명되기 이전 식물의 줄기를 이용한 종이 대용품)'에도 기록되어 있다.

더 생각해 보기

다음 두 장의 그림에서 무엇이 보이니? 도형의 면적으로 피타고라스의 정리를 해석해 본다. 친구에게 직각삼각형의 직각을 낀 두 변의 제곱을 더하면 빗변의 제곱이 된다는 것을 설명해 보자.

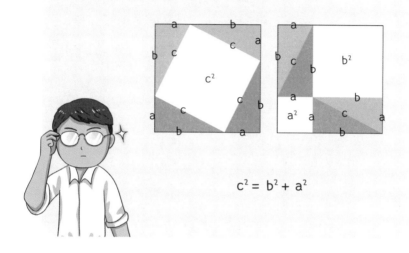

$$c^2 = b^2 + a^2$$

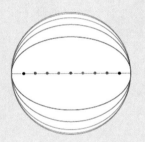

12

타원으로 하는 게임

타원의 특성을 이용하여 반사 가능한 물체나 에너지로
재미있는 놀이를 할 수 있다.
모두가 즐길 수 있는 즐거운 게임을 해 볼까?

메아리가 울리는 벽에서 놀아 본 적이 있니? 이런 시설은 두 개 원호 圓號 모양의 벽으로 이루어져 있는데, 벽과 벽 사이의 간격이 일정해. 우선, 두 사람이 각각 원호 모양의 벽 근처에 서서, 서로 마주보고 이야기를 나눠. 거리가 멀기 때문에 큰 목소리로 얘기해야 상대방이 알아들을 수 있어. 그러면 이제 각기 등을 돌려 각각 원호 모양의 벽을 향해 서서 보통의 목소리 톤으로 대화해 봐. 그러면 마치 다른 사람이 벽 앞에서 말하는 것처럼 상대방의 목소리를 똑똑히 들을 수 있다는 것을 발견할 수 있을 거야.

메아리 벽은 기하 도형인 타원의 성질을 이용한 것이다. 타원은 원을 납작하게 눌러 한쪽은 비교적 납작하고 다른 한쪽은 긴 형태이다.

원은 하나의 고정된 중심을 가지고,

타원은 두 개의 고정된 초점을 가진다.

원을 그리려면 중심에 바늘을 하나 고정시키고 바늘에 반지름 길이의 줄을 매단 다음 펜으로 줄을 잡아당겨 한 바퀴 돌린다. 타원을 그릴 때도 비슷한 방법을 이용할 수 있는데, 다만 두 초점에 바늘을 하나씩 고정시키고 두 초점 사이의 거리보다 긴 실을 이용하여 실의 양쪽 끝을 초점 바늘에 각각 묶은 후 펜으로 줄을 팽팽하게 당긴 상태에서 한 바퀴 돌리면 타원이 그려진다.

두 초점 사이의 거리를 조절해서 두 점이 서로를 향해 좀 더 가깝

게 되도록 할 수도 있다. 이때 다시 타원을 하나 그리면 좀 전에 그린 타원보다 조금 더 둥글다는 것을 알게 된다. 초점이 서로 가까워지면 타원은 점점 더 둥글어지는데, 두 초점이 완전히 겹치면 타원은 완전한 원이 된다.

원은 특수한 타원이라 할 수 있다.
초점 두 개가 겹쳐지면 바로 원의 중심과 일치한다.

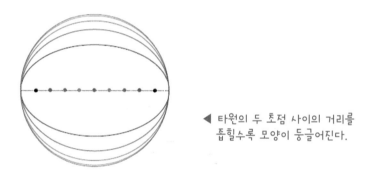

◀ 타원의 두 초점 사이의 거리를 좁힐수록 모양이 둥글어진다.

앞서 말한 메아리 벽은 실제로 큰 타원의 둘레이다. 그럼, 한번 맞혀보자. 두 사람은 어디에 서 있었을까? 정답은 바로 타원에서 가장 특수한 위치인 두 초점이다. 왜 초점에 서서 말을 하면 목소리가 이렇게 분명하게 서로에게 잘 들릴까? 타원을 만들어 테스트해 보자.

수학 실험

1. 두꺼운 종이 위에 6cm 떨어진 두 점을 표시해 타원의 초점으로 한다. 줄 하나를 가져와 양쪽 끝을 초점에 고정한다.

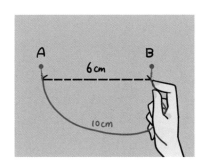

10cm 길이의 줄 끝을 바늘 또는
순간 접착제로 고정한다.

2. 펜으로 줄을 팽팽하게 잡아당긴다. 이 상태를 유지하며 한 바퀴 돌려 타원을 그린다.

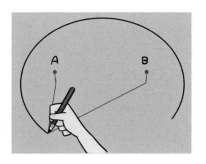

4. 가위로 타원을 두꺼운 종이에서 오려낸다. 타원의 둘레에 플라스틱 조각이나 두꺼운 판지로 벽을 두른다.

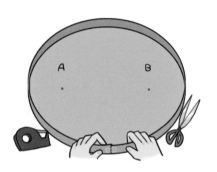

테이프로 고정한다.

5. 두 초점에 각각 1개의 구슬을 놓고 1개를 벽 쪽으로 튕기면 어떤 일이 벌어질까?

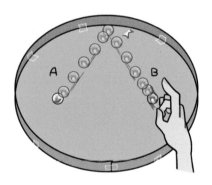

신기한 초점반사

튕겨진 구슬은 벽에 부딪힌 후 다시 다른 구슬에 부딪힐 것이다. 왜 그럴까? 타원을 그리는 실험 2단계를 떠올려 보자. 펜으로 선을 팽팽하게 당기면 마치 두 개의 직선이 두 개의 초점에서 출발하여 같은 점(펜의 위치)에서 만나는 것과 같다. 타원 둘레의 임의의 점은 모두 두 초점에서 뻗어 나오는 두 직선의 교점으로 볼 수 있으며, 두 선분의 길이 합은 모두 일정하다.

초점에서 출발해 벽에 부딪히고 튕겨 나와 또 다른 초점으로 가는 경로를 밟는다. 소리가 메아리 벽을 오가는 경로도 마찬가지다. 친구와 대화할 때 소리는 메아리 벽에서 반사되어 다른 초점으로 모이기 때문에 다른 초점에 있는 사람은 잘 들을 수 있는 것이다.

타원은 의료에도 쓰인다. 의사가 환자의 체내에 결석이 있다는 것을 발견하면 진동파로 분쇄한다. 기관 손상을 피하기 위해서 진동파는 먼저 반사를 거쳐 강도를 낮춰야 하는데, 이때 사용하는 것이 바로 타원형의 반사기이다. 파장을 타원의 초점에 두고 다른 초점이 결석에 맞춰지면 반사된 진동파가 결석을 파괴하는 원리이다. 타원의 성질을 이용하면 치료도 가능하다.

재미있는 타원 놀이

모든 것을 하나로 모으는 타원 체험은 메아리 벽에서 소리를 지르는 것 외에 다른 것들도 있다. 일본 동경 이과 대학의 어느 수학자는 자신의 이름을 딴 수학체험관을 만들었는데, 그곳에는 타원 충돌대가 설치되어 있다. 공 두 개를 초점에 두기만 하면 내가 그중 한 개를 아무리 마구 때려도 다른 한 개를 반드시 칠 수 있다.

그는 수학 마술을 고안하기도 했다. 타원형 그릇에 전구를 넣고 천천히 그릇 속 어딘가로 옮기면 순간 풍선이 터지는 마술이다. 어떻게 한 것일까? 짐작했겠지만, 전구가 타원의 초점에 오면 발산하는 열에너지가 자연스럽게 다른 초점에 모이게 되고 초점에 있는 기구가 폭발하게 되는 원리다.

더 생각해 보기

실험 중에 그린 타원을 생각해 보자. 두 초점의 중점에서 타원 위에 이르는 거리가 가장 짧을 때의 길이를 알 수 있을까? 가장 긴 길이는 얼마일까?

(힌트 : 피타고라스의 정리)

13

⟨‥‥‥‥›

책상을 돌려도
흔들리지
않아요!

책상은 왜 발이 네 개일까?
평평하지 않은 지면이라면 어떻게 될까?
일상생활의 작은 고민이라도
수학으로 쉽게 해결할 수 있다!

162

학교의 교탁이든, 집안의 식탁이든 팔꿈치를 탁자에 대었을 때 탁자가 흔들렸던 경험이 다들 있을 거야. 그럴 때면 어른들은 종이를 가져와 몇 번 접어서 탁자 다리 밑에 끼어넣어 고정시켰지. 돌이켜보면 이런 탁자들은 모두 다리가 네 개인데 다리가 세개인 탁자는 흔들리지가 않는단다!

이를 수학적으로 접근해 보자. 종이 위에 두 개의 점을 찍으면 이 두 점을 통과하는 직선을 무조건 찾을 수 있다. 두 점 사이를 잇는 선분은 바로 이 직선의 일부이다. 만약 공간에 아무렇게나 세 점을 표시한다면 이 세 점을 동시에 통과하는 직선을 찾기 힘들다. 하지만 이 세 점을 동시에 통과하는 한 평면은 반드시 찾을 수 있다. 세 점을 연결하여 만들어지는 삼각형이 이 평면의 일부이다. 이것이 기하학의 기본 정리이다.

(서로 다른) 두 점은 하나의 직선을 결정한다.
(서로 다른) 세 개의 점은 하나의 평면을 결정한다.

그러므로 다리가 세 개 달린 탁자는 반드시 같은 평면을 유지할 수 있으므로 흔들림이 없다. 물론 바닥이 비스듬하거나 탁자 다리의 길이가 다르다면 탁자 자체가 삐뚤어져서 평형을 유지할 수 없는 건 당연하다. 다만 지면 위의 세 점을 이으면 이것은 평평하며 견고하다는 것이다.

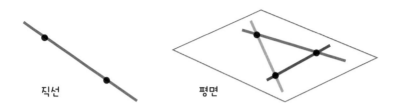

하지만 여기에 점 하나를 추가한다면 상황은 달라진다. 공간에서 임의의 네 점을 같은 평면 위에 놓기는 쉽지 않다. 여러분은 그중 세 점을 하나의 삼각형으로 연결하여 한 평면을 결정할 수 있지만 일반적으로 네 번째 점은 평면 밖에 위치한다는 것을 확인할 수 있을 것이다.

네 점이 하나의 평면을 결정하려면 네 번째 점이 세 꼭짓점을 동시에 가지는 평면 위에 있어야 한다. 삼각형의 세 꼭짓점이 놓인 평면과 같은 평면 위에 있지 않은 네 번째 점으로 이루어진 네 발을 가진 탁자라면 네 발이 공중에 떠 있는 것처럼 책상이 바닥에서 흔들리기 일쑤이다.

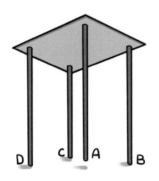

점 A는 B,C,D로 구성되는 평면 위에 있다.

그렇다면 왜 학교의 책걸상을 세 발로 바꾸지 않는 걸까? 아마도 교탁, 책상이 네모난 모양으로 되어 있기 때문에 발이 네 개인 모양이 자연스럽다고 여길 수 있다. 아니라면 무거운 물건을 올려 둘 때, 엎드려 낮잠을 자야 할 때, 삼각다리라면 물건을 두기도 불편하고 엎드리는 순간 넘어질 수도 있다. 그래서 사람들은 네 발 탁자의 흔들림을 감수하는지도 모른다.

탁자가 흔들릴 때 단지 종이 조각으로 고정시키는 방법은 수학자에겐 뭔가 우아함이 부족하다. 유럽의 이론 과학자 마틴은 책상 네 다리의 길이는 같은데 바닥이 평평하지 않아 흔들리는 경우에 대한 아주 간단한 해결 방법을 제시하였다. 함께 실험으로 알아보자.

1. 두꺼운 종이에 정사각형을 그리고 잘라 낸다. 이것을 책상의 상판으로 사용한다.

2. 연필로 정사각형 종이 위에 대각선을 긋는다.

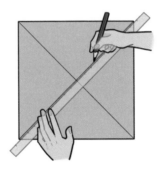

3. 컴퍼스로 대각선의 교점을 원의 중심, 정사각형 한 변의 길이의 반을 반지름으로 하는 원을 그린다. 원이 대각선과 만나는 네 점이 바로 책상다리의 위치이다.

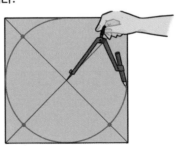

$\pi = 3.141$

4. 책상다리의 네 위치에 각각 구멍을 하나씩 뚫고, 대나무 젓가락 네 개를 꽂는다. 대나무 다리의 높이를 조절하고 네 다리의 길이가 같은지 다시 한번 확인한다.

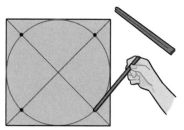

5. 종이 점토를 이용해서 평평하지 않도록, 책상이 안정되지 않도록 울퉁불퉁한 지면을 만든다. 종이 점토가 마르면 그 위에 책상을 올린다.

6. 책상을 천천히 돌리면서 책상이 안정적으로 평평해졌는지 점검한다. 회전 각도는 90° 미만으로 하고 책상이 평형을 유지하는 위치를 찾으면 된다.

중간값 정리를 이용한 추리

그 기적의 각도를 찾았는가. 흔들리던 책상이 어떤 각도가 되었을 때 갑자기 더 이상 흔들리지 않는다는 사실의 이면에는 중간값 정리로 설명되는 이유가 숨어있다. 중간값 정리의 개념은 매우 간단하다. 예를 들면 해수면의 높이는 0으로 해수면보다 높이가 높으면 플러스, 낮으면 마이너스라고 한다. 만약 어떤 사람이 언덕에서 해수면보다 낮은 웅덩이로 간다면, 즉 플러스에서 마이너스로 간다면 이 사람은 그 과정에서 반드시 해수면, 즉 높이가 0인 곳을 지나게 된다.

이것은 온도에도 적용할 수 있다. 여러분이 가장 편안하게 생각하는 온도는 27°이고 기상예보에서 일교차가 매우 커서 낮에는 고온으로 32°까지 오르겠지만 밤에는 22°까지 내려가 10° 차이가 난다고 할 때가 있다. 온도는 연속적으로 변하는 값으로 온도가 낮아지는 과정에서 반드시 최적의 온도 27°를 체험할 수 있다. 이때 쾌적한 온도는 저녁일 수도 아침일 수도 있다. 어렵게 들릴 수 있겠지만 사실 중간값 정리는 수학에서 특히 방정식의 해를 확인할 때 매우 유용하다.

여기서는 왜 책상이 회전하면서 흔들리지 않는 순간을 찾을 수 있는지를 설명해 준다. 우선 실험에서 책상다리의 네 발을 각각 A, B, C, D로 부르자. 공중에 떠 있는 다리를 A라고 하면 바닥과의 거리는 '플러스'이다. 책상을 90° 회전하면서 A가 B 위치에 오도록 한다. 그러면 B는 C, C는 D, D는 A의 위치에 오게 되어 허공에 떠 있는 다리는 D가

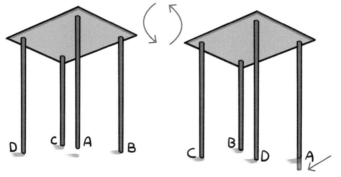

▲A와 지면과의 거리는 플러스이다.　　▲A와 지면의 거리는 마이너스이다.

된다.

　하지만 규칙은 회전할 때, B, C, D는 바닥에 바짝 붙어 있어야 한다. 그러면 회전할 때, A는 이론상으로는 지하에 들어가야 한다. 즉 '마이너스'가 되어야 한다. 회전 전 A의 지상과의 거리는 플러스이고 회전 후 A와 지면의 거리는 마이너스가 된다.

　방금 살펴본 중간값 정리에 근거하면 회전하는 연속적인 과정에서 A가 바닥에 닿을 때, 즉 지면과의 거리가 0이 될 수 있고, 이와 동시에 B, C, D가 모두 바닥에 밀착되어야 하기 때문에 이 순간에는 네 개의 다리가 바닥에 닿을 때 책상이 흔들리지 않는다고 판단할 수 있다.

추리와 증명

이번 실험은 정말 신기했다. 불안정한 책상을 흔들리지 않게 하려면 계속 돌려보면 된다는 것을 실험으로 확인하였다. 또한 중간값의 정리를 이용하여 증명할 수 있었다. 책상을 흔들리지 않게 하기 위해 공중에 떠 있는 A를 지면에 꽂는 것이 아니었다. 상상으로 머릿속에서 실험을 하고 추리를 하는 상상실험이었다.

과자 하나 + 과자 하나
=무한히 많은 과자

나는 상상실험을 하고 있다!

동일한 실험은 같은 결과를 얻는다. 하지만 수학에서 '증명'의 대부분은 논리를 이용해서 추리하고 차근차근 결론을 설명하므로 실험을 거듭할 필요는 없다.

더 생각해 보기

만약 다리가 다섯 개 또는 여섯 개인 책상이 있다고 하자. 다리가 많아질수록 책상은 안정적일까? 더 쉽게 흔들릴까?

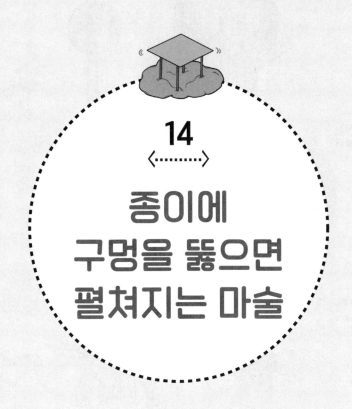

14

종이에
구멍을 뚫으면
펼쳐지는 마술

정사각형은 영원히 정사각형으로 유지될까?
이번 마술 실험은 틀을 깨고 생각을 뒤집어야 한다!

172

맨홀 뚜껑이 둥근 이유를 기억하고 있니? 만약 맨홀 뚜껑이 정사각형이면 맨홀 구멍을 통과해서 떨어질 수 있기 때문에 작업자가 위험해질 수 있지만, 원형 뚜껑은 구멍을 통과해 떨어질 일이 없지. 그 배경에는 다음과 같은 이유가 있었어.

원형 구멍에서 폭이 가장 넓은 부분은 구멍의 지름으로, 원형 맨홀 뚜껑의 지름보다 약간 작게 설계되어 있기 때문에 맨홀 뚜껑을 세우든 눕히든 사방으로 돌리든 간에 구멍으로 떨어지지 않는다. 그러나 정사각형은 구멍에서 가장 긴 직선이 대각선인데 이것은 정사각형의 한 변의 길이를 초과하는 것으로 구멍을 통과할 가능성이 매우 크다. 일단 정사각형 맨홀 뚜껑을 똑바로 세운다고 하면 구멍을 바로 통과해서 하수구에 빠질 수 있다.

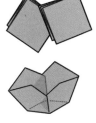

이것으로 원형인 뚜껑은 약간 작은 원형 구멍을 통과할 수 없지만 정사각형은 약간 작은 정사각형 구멍을 통과할 수도 있다는 것을 알 수 있다. 그런데 원형을 정사각형 구멍에 통과시키려고 하면 무슨 일이 일어날까? 동전으로 한번 확인해 보자.

동전의 지름을 2.8㎝라고 하자. 만약 한 변의 길이가 2.8㎝보다 약간 작은 정사각형 구멍이 있다면, 예로 한 변의 길이가 2.5㎝인 정사각형을 생각할 수 있다. 여러분은 동전이 구멍을 뚫고 통과할 수 있다고 생각하는가? 만약 맨홀 뚜껑의 원리를 이해한다면, 실험을 해 볼 필요도 없이 "반드시 통과한다!"고 바로 답을 추론해 낼 수 있다. 왜냐하면 이 정사각형의 한 변의 길이가 비록 동전의 지름보다 짧지만 대각선 길이가 3.5㎝ 정도로 동전의 지름보다 크기 때문에 동전의 각도를 조금만 조절하면 정사각형 구멍을 통과하는 것이다.

하지만 더 작은 정사각형 구멍으로 대각선이 2.8cm보다 작다면? 그러면 동전을 어떻게 놓아도 구멍을 통과할 수 없지 않을까? 실제로는 가능하다! 이제 여러분에게 마술 방법을 알려주려고 한다. 종이를 자를 필요도 없이 동전이 바로 통과한다! 믿기지 않는가? 함께 해 보자.

타다시 토키에다Tadashi Tokieda 교수의 수학놀이

선보일 마술은 미국 스탠퍼드 대학의 토키에다 교수가 운영하는 수학 프로그램의 영향을 받았다. 그는 어릴 때 화가가 되고 싶었다. 이후에는 고전 언어학을 접했고 8개 국어에 능통했지만 그의 현직은 세계 최고 대학의 수학교수다.

우리는 어떤 사람이 수학을 잘한다, 또는 국어를 잘한다는 표현을 쓰며 이과와 문과를 겸할 수 없을 것처럼 여기는 경향이 있는데 토키에다 교수는 이런 구분을 깨뜨린 사람이다. 특정 영역에 대한 관심 및 재능도 중요하겠지만 학습방법이 매우 중요하다는 말을 하고 싶다. 끊임없는 지식에 대한 열정이 충만하고 즐겁게 공부하면 새롭게 접하는 학문이 생소하더라도 자기 발전에 무한한 가능성을 심어줄 것이다.

1. 색종이 한 장을 준비한다. 반으로 접고 또 반으로 접으면 작은 정사각형이 된다.

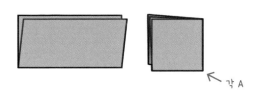

각 A

2. 정사각형 모서리 A에서 1.5㎝인 사선을 긋는데 사선의 기울어진 각을 45°로 고정시킨 후, 이 사선을 따라 자른다.

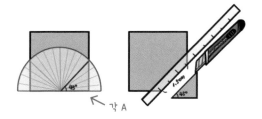

각 A

3. 종이를 펴서 색종이 가운데 한 변의 길이가 1.5㎝인 정사각형 구멍이 있는지 확인한다. 지름이 2.8cm인 동전 모형으로 비교해 본다.

동전은 정사각형 구멍을
통과할까?

4. 종이를 다시 맞춰 한 번 접으면 이때 뚫려 있는 삼각형이 생긴다. 그런 다음 그림처럼 열린 부분을 양쪽으로 당기면 종이가 입체 모양이 된다.

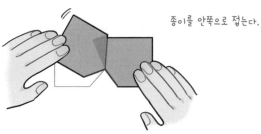

종이를 안쪽으로 접는다.

5. 주의할 것은 앞뒤 두 종이를 각각 구부려 안쪽으로 접어야 한다. 원래 삼각형의 열린 부분이 수평선이 되면서 종이가 다시 접혀서 변형된다.

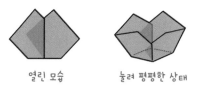

열린 모습   눌러 평평한 상태

6. 접힌 입체 종이를 구멍의 모양으로 바꾼다. 원래의 정사각형은 이미 눌려 납작해진 상태로 틈이 생긴다.

동전이 통과 가능한지
실험을 해 보자.
틈새를 뚫을 수 있을까?

어떻게 큰 원이 작은 네모난 구멍을 뚫을 수 있을까?

실험 결과, 동전은 가볍게 종이 구멍을 뚫고 지나갔다. 신기하지 않은가! 한 변의 길이가 1.5㎝인 정사각형 구멍에서 가장 긴 부분인 대각선은 대략 2.1㎝로 동전의 지름 2.8㎝보다 짧다. 동전은 사실상 뚫을 수 없는 구멍을 뚫었다. 하지만 자세히 살펴본다면 여러분은 5단계에서 접힌 부분의 틈새를 발견할 수 있고 결국은 동전의 지름보다 더 긴 것으로 약 3㎝ 정도가 된다는 것이 확인된다.

왜 그럴까? 틈을 자세히 보니 사실 정사각형의 두 갈래 길이로 이루어져 있어 두 배나 더 길어 그 길이가 3㎝ 정도가 된다. 마술의 비밀은 종이를 입체적으로 접은 후 평평하게 하는 것이다. 평면에서 두 변이 서로 수직으로 이어지고 이 직선은 구멍의 폭을 원래보다 더 넓혀 동전도 쉽게 지나갈 수 있게 된다.

구멍이 변형되는 과정을 다시 정리해 보면 구멍 둘레는 고정되어 있는 상태에서 정사각형에서 삼각형으로 반으로 접고, 다시 종이를 접어서 삼각형의 구멍을 당겨 평평하게 하여 마지막에 직선에 가까운 틈새를 납작하게 누른다.

만약 여러분이 이 마술을 해 보고 싶다면 더 큰 원형의 컵받침이나 과자를 사용하면 더욱 효과적이다. 종이 구멍을 자르기 전에 컵

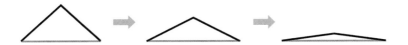

받침의 지름이 5㎝이면 종이의 정사각형 구멍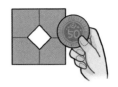
의 길이는 최소 5의 절반 즉, 2.5㎝가 되는지
먼저 계산한다.

구멍을 크게 내서는 안 된다. 정사각형의 대각선이 5㎝를 넘으면
컵받침이 바로 지나갈 수 있어 종이를 접는 마술 효과가 없다. 이때
피타고라스 정리를 이용해서 이상적인 변의 길이 범위를 계산할 수
있다. 종이는 구부릴 수 있기 때문에 평면을 입체로 만들고 구멍의
모양을 바꾸면 본래의 모습을 변형할 수 있다. 이런 특성을 일상생
활 또는 과학기술에 적용한다면 불가능한 것으로 여겨졌던 것들도
실현 가능해진다.

토키에다 교수가 타이완에 초청받아 마술을 선보였을 때 당시 주
제는 심오한 수학이 아니라 단순하면서도 재미있고 생활 속에서 가
능한 수학이었다. 토키에다 교수는 이렇게 말하였다.

"많은 사람이 공부가 매우 무미건조하다고 느끼지만
단조로운 사막을 걷다 보면 오아시스를 볼 수 있다!"

시간을 들여 공부하면 흥미로 가득한 결과가 따라온다. 그의 과학
강연이나 내가 수학을 글로 써서 이루고 싶은 목표, 모두 스스로 오
 아시스를 찾아내어 지식을 통한 즐거움을 느끼고 싶은 것
이라 생각한다.

재료의 탄력성

이번 실험은 우리로 하여금 종이는 구부릴 수 있기 때문에 평면의 한계를 깨뜨릴 수 있다는 것을 보여주었다. 이와 같이 구부릴 수 있는 특징은 종이뿐만 아니라 부드러운 플라스틱도 같은 특징을 가지는데 지금은 더욱 많은 전자제품에서 이런 재료가 개발되고 있다.

눈을 평평하게 하면 더 커지지 않을까?

예를 들면, 패널, 회로기판 등이 있다. 만약 딱딱한 물건을 구부릴 수 있다면 구조가 복잡한 물건도 접을 수 있어 소품으로 수납하기 좋고 기존의 평면구조의 한계를 깰 수 있을 것이다. 공부도 마찬가지로 탄력성이 있으면 더 잘 뚫린다!

더 생각해 보기

정사각형이 아닌 정삼각형, 일반적인 정다각형의 구멍도 종이를 접었을 때 더 긴 틈이 만들어질까?

15

<·······>

다 먹을 수 없는
초콜릿?

카드를 잘라 다시 배열했더니 뜻밖에도 요정 하나가 부족하다!
초콜릿을 잘라서 재구성하였더니
초콜릿이 오히려 하나 더 남는 건 왜일까?
숨겨진 수학 미스터리, 여러분의 해결을 기다리고 있다!

60여 년 전, '사라진 요정'이라는 수학 수수께끼가 전해졌어. 그림 카드에는 15명의 요정이 있는데, 카드 윗부분을 자르고 다시 가운데를 자른 다음 왼쪽과 오른쪽을 다시 붙여서 카드에 있는 모든 요정의 위아래 반을 맞춰 붙이면 원래 그림처럼 보여. 그런데 묘한 것은 아무리 세어도 요정이 14명이 된다는 거야.

당시 이 수수께끼가 제기되었을 때 어떤 사람은 한참 동안이나 생각했지만 여전히 왜 그런지 모르겠다고 하고 어떤 사람은 사라진 요정이 실제로 어딘가에 숨어 있는 것을 알아차렸다. 이 재미있는 수수께끼는 여태껏 수학 애호가들 사이에서 널리 퍼져 회자되고 있다. 요정 모양이 포커 패턴이나 모델 또는 기타 각종 물건으로 바뀌어 비슷한 수수께끼로 만들어졌으니, 여러분은 인터넷에 접속하여 이런 카드들을 사진으로 확인할 수 있다.

이번에는 위와 동일한 원리를 이용하여 다 먹을 수 없는 무한 초콜릿 즉, 초콜릿 하나를 24조각의 작은 직사각형으로 자르고 다시 큼직한 초콜릿 하나를 만드는 것으로 특별한 재단을 거쳐 재구성하

요정은 어디로 사라진걸까?

고 나면 그 결과, 남는 한 조각이 항상 있다는 실험을 해 본다. 이 기술을 반복하면 다 못 먹는 초콜릿이 존재하게 되는 것이다! 정말 신나는 일이다!

여러분은 분명히 궁금해할 것이다. 어떻게 잘라야 더 많은 초콜릿이 나올까? 사라진 요정은 어떤 수학 마법에 걸린 것일까? 직접 실험하며 생각해 보자!

1. 4x6조각 파리 직사각형 초콜릿과 초콜릿을 자를 칼 하나를 준비한다.

2. 그림처럼 초콜릿을 칼로 위아래 두 조각이 생기도록 비스듬히 자른다.

아래에서 위로 숫자를 세면 왼쪽에서
두 번째, 위에서 시작해서 오른쪽에서
세 번째 위를 맞춰 자른다.

3. 이어서 윗부분에서 맨 위쪽 줄에 있는 초콜릿을 자른다.

4. 이 줄에서 맨 윗부분 초콜릿을 잘라내 옆에 놓는다.

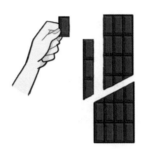

5. 초콜릿을 재배열한다. 왼쪽에 있는 초콜릿과 오른쪽 초콜릿의 위치를 서로 바꾼다.

6. 원래 4×6조각의 초콜릿이 되었는데도 옆에 한 조각 더 남았다.

7. 3~5단계를 반복하여 초콜릿을 다시 이동시켜 조합한다. 잘라낸 한 조각은 옆에 둔다.

이 조각을 꺼내서 옆에 둔다.

8. 결과는 어떤가? 초콜릿 두 조각이 더 나와 모두 26개인 것을 확인 했는가?

좌우 두 부분의 위치를 맞바꾸고 재구성한다.

면적의 착시효과

이 실험은 참 재밌다! 계속 추가 초콜릿이 나올 때마다 사람들을 기쁘게 한다. 게다가 영원히 다 먹을 수 없다! 하지만 이 아름다운 마법에는 실제로 한 가지 한계가 있다. 최대 세 번까지만 반복할 수 있다는 것이다. 같은 방법을 네 번째 반복하면 초콜릿을 재조합하는 과정에서 원래 초콜릿이 6개 줄이었던 부분이 5개밖에 남지 않아 작은 초콜릿은 4×5=20조각이고 옆에 둔 네 조각을 합하면 20+4=24장인 것이 확인된다.

무슨 일인가! 원래 초콜릿과 같아졌다! 어떻게 원래 상태로 돌아갔을까? 사실 초콜릿이 많아지거나 적어지는 마법은 없다. 작은 초콜릿의 개수가 변한 것처럼 느껴지지만 사람의 눈이 정확하지 않아서 초콜릿의 면적을 발견하지 못했을 뿐이다. 좀 더 자세히 보면 원래 큰 초콜릿 위에 사선으로 자른 줄은 매번 재조합되는 과정에서 사실 계속 짧아지고 있다. 믿기지 않으면 다시 한번 실험을 하되, 먼저 전체 초콜릿의 길이를 측정해야 함을 기억해야 한다. 또한 재구성한 후에 다시 한번 길이를 재야 한다. 그러면 여러분은 초콜릿의 길이가 점점 짧아진다는 것을 알 수 있다.

더 나아가, 자세히 보면 각 가로줄에는 작은 초콜릿이 네 조각 있다. 가운데 잘린 줄의 초콜릿은 재조합할 때마다 면적이 1/4씩 줄어드는데 딱 한 조각의 면적만큼이다. 어쩐지 매번 초콜릿이 한 조각씩 더 나왔다. 그래서 네 번을 반복하면 가로 한 줄의 초콜릿 면적이 완전히 잘려 나가 사라지게 되는 것이다.

　격자로 표시하면 더 이해하기 쉽다. 맨 왼쪽에 있는 보라색 초콜
릿은 크기가 3개 미만으로 맨 오른쪽 공간으로 옮겨 채우는데 원래
면적이 3을 조금 넘었다. 좌우 두 장의 그림을 서로 비교해 보면 초
콜릿이 조금 짧아진 것이 보인다.

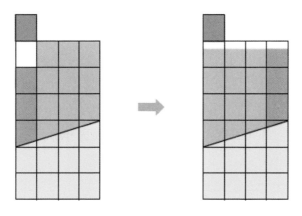

사라진 요정의 수수께끼도 마찬가지 원리이다.

눈으로 보는 것은 정확하지 않다.
수학에 근거해야 한다.

　바꿔 말하면, 수학을 잘 이용하면 불가사의한 현상을 창조할 수
있다!

격자 수수께끼

오른쪽 사진의 A는 두 개의 직각삼각형과 두 개의 다각형이 이루는 큰 직각삼각형이다. 각 도형의 한 변의 길이는 칸의 개수를 세어 알 수 있다. 다시 빨간 삼각형과 파란 삼각형의 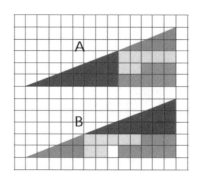 위치를 조절하여 맞추면 원래와 같은 큰 삼각형 B를 만든다. 그런데 그 사이에 하얀색 칸이 하나 더 생긴다. 왜 그럴까?

더 생각해 보기

발견했나요? 수수께끼의 열쇠는 A에서 사선이 실제로는 일직선이 아니라는 것이다. 결국 A는 삼각형이 아닌 네모난 다각형이다.

여러분도 다른 삼각형을 가져와 착시도형을 설계해 볼 수 있다!

수학의 본질은 그 자유로움에 있다.

게오르크 칸토어

대자연의 책은 그 언어를 아는 사람들만이 읽을 수 있다.
이 언어는 수학이다.
갈릴레오